周　期　表

10	11	12	13	14	15	16	17	18	族/周期
								2 He 4.003 ヘリウム	1
			5 B 10.81 ホウ素	6 C 12.01 炭　素	7 N 14.01 窒　素	8 O 16.00 酸　素	9 F 19.00 フッ素	10 Ne 20.18 ネオン	2
			13 Al 26.98 アルミニウム	14 Si 28.09 ケイ素	15 P 30.97 リ　ン	16 S 32.07 硫　黄	17 Cl 35.45 塩　素	18 Ar 39.95 アルゴン	3
28 Ni 58.69 ニッケル	29 Cu 63.55 銅	30 Zn 65.38 亜　鉛	31 Ga 69.72 ガリウム	32 Ge 72.63 ゲルマニウム	33 As 74.92 ヒ　素	34 Se 78.97 セレン	35 Br 79.90 臭　素	36 Kr 83.80 クリプトン	4
46 Pd 106.4 パラジウム	47 Ag 107.9 銀	48 Cd 112.4 カドミウム	49 In 114.8 インジウム	50 Sn 118.7 ス　ズ	51 Sb 121.8 アンチモン	52 Te 127.6 テルル	53 I 126.9 ヨウ素	54 Xe 131.3 キセノン	5
78 Pt 195.1 白　金	79 Au 197.0 金	80 Hg 200.6 水　銀	81 Tl 204.4 タリウム	82 Pb 207.2 鉛	83 Bi* 209.0 ビスマス	84 Po* (210) ポロニウム	85 At* (210) アスタチン	86 Rn* (222) ラドン	6
110 Ds* (281) ダームスタチウム	111 Rg* (280) レントゲニウム	112 Cn* (285) コペルニシウム	113 Nh* (278) ニホニウム	114 Fl* (289) フレロビウム	115 Mc* (289) モスコビウム	116 Lv* (293) リ	117 Ts* (3) シン	118 Og* (294) オガネソン	7

64 Gd 157.3 ガドリニウム	65 Tb 158.9 テルビウム	66 Dy 162.5 ジスプロシウム	67 Ho 164.9 ホルミウム	68
96 Cm* (247) キュリウム	97 Bk* (247) バークリウム	98 Cf* (252) カリホルニウム	99 Es* (252) アインスタイニウム	103 Lr* (262) ローレンシウム

桁で示す．原子量の信頼性はリチウム，亜鉛の場合を除き4桁目で±1以内である．リチウムの原子量は大きな変動幅をもつため，ここでは例外的に3桁の値が与えられている．また，亜鉛の原子量の信頼性は有効数字4桁目で±2である．

よくわかる

化合物
命名法

IUPAC勧告（無機2005，有機2013）準拠

荻野 博 編著

笠井香代子・柘植清志 著

丸善出版

演習問題解答の閲覧方法

丸善出版の Web ページより, 本書の演習問題の解答が閲覧ができます.

右の QR コードを読み取ることにより, もしくは下記 URL を直接入力のうえ, Web ページにアクセスし, ご活用ください.

https://www.maruzen-publishing.co.jp/info/n20782.html

なお, 解答の閲覧にはパスワードの入力が必要です.

パスワード：meimei20052013

- ● ダウンロードされたファイルの著作権は, 本書の著作者に帰属します.
- ● 本資料を利用したことにより生じた損害などについて, 著者および出版社はその責任を負いません.
- ● 予告なく資料を更新したり, ファイルの提供を終了することがあります.
- ● QR コードは（株）デンソーウェーブの登録商標です.

まえがき

　新化合物の数は年を追って加速度的に増加し，2023 年 4 月には約 2 億 8000 万に達している[*1]．しかも数が増えるだけでなく，新規な構造をもつ化合物が次々と合成・発表されている．命名法が時の経過と共にいつも改訂を必要とする主要原因であろう．

　化合物命名法は，IUPAC（International Union of Pure and Applied Chemistry：国際純正・応用化学連合）の勧告に原則として則るのが国際的なルールである．命名法はすべての化合物を対象とする性質上，膨大で無味乾燥になりがちであり，初学者が全体像をつかむことは難しい．本書はそのような化合物命名法の要点を，最新の 2005 年勧告（無機），2013 年勧告（有機）に基づき解説した書籍である．

　筆者は 2005 年に北京で開催された IUPAC の総会，部会（無機化学部会）および委員会（Interdivisional Committee on Terminology, Nomenclature and Symbols, ICTNS）に出席した．これは筆者が IUPAC の命名法とはじめて直接関わった機会であった．この年，無機化学命名法および有機化学命名法の IUPAC 勧告が書籍として出版される予定であったが，北京滞在中の 8 月までには目にすることはできなかった．しかし，無機化学部会等に出席して IUPAC 命名法勧告の最新情報を知ることができた．また，命名法とは直接関係はないが，この部会で質量の定義が近い将来変更される[*2]という話題も紹介され，筆者にとっては非常に印象深い会議への出席となった．

　無機化学命名法 IUPAC 2005 年勧告は，筆者の帰国後ほどなくして "Nomenclature of Inorganic Chemistry: IUPAC Recommendations 2005"（The Royal Society of Chemistry）として刊行された．この本はその後，日本化学会命名法委員（現

[*1]　アメリカ化学会の Chemical Abstracts に登録されている化合物数による．
[*2]　2019 年，質量はキログラム原器に基づく定義から Planck 定数に基づく定義に変わった．

在の命名法専門委員会）の訳著により"無機化学命名法—IUPAC 2005 年勧告—"
（東京化学同人，2010）として出版された．ところが，有機化学命名法の IUPAC
勧告のほうはなかなか出版されず，実際に印刷刊行されたのは予定から 8 年も
経った 2013 年のことであった（"Nomenclature of Organic Chemistry: IUPAC
Recommendations and Preferred IUPAC Names 2013"（The Royal Society of Chem-
istry））．この本を入手した時の驚きは忘れられない．まず，重量と大きさ，1600
ページを超えるとても大きく重い本だったことである．さらに驚いたのは有機化
学命名法規則の根幹が関係する実に広範な改訂がなされていたことである．この
本の日本語訳も日本化学会命名法専門委員会によって行われ，"有機化学命名法
—IUPAC 2013 勧告および優先 IUPAC 名—"（東京化学同人）として 2017 年に
出版された．

　この大改訂の内容は本書で詳しく解説されているが，一言でいえば，ある有機
化合物についてただ一つの名称の使用を推奨し，これを優先 IUPAC 名（Preferred
IUPAC name，略称 PIN）としたことである．これはまったく新しいコンセプト
に基づく命名法の創出であり，このプランをまとめ上げるには大変な苦労があっ
ただろうことは想像に難くない．IUPAC は無機化学命名法にも PIN のコンセプ
トを広げようという将来計画があり，今後の展開が待たれるところである．今回
まとめた小ぶりな本書が IUPAC の新しい化合物命名法を学ぶ入門書として役立
つことを期待している．

　独立行政法人 製品評価技術基盤機構の佐藤維麿氏には本書の原稿全体に目を
通していただき，有益なご意見をいただいた．また，本書の出版にあたり丸善出
版株式会社とりわけ企画・編集部の熊谷現氏に大変お世話になった．ともにここ
に記して厚く御礼を申し上げる．

2023 年 11 月

荻　野　　博

目　次

第1章

は じ め に

　現在，我々はおびただしい数の物質を利用して生活をしている．これらの物質，すなわち元素（単体）を含めてすべての化合物は化合物命名法の対象である．ある化合物の利用者がそれぞれで個別に活動している間は，化合物の名前は本人がわかる符丁でよい．一方で，利用者間で取引や議論をしようとなると，共通の名前が必須となる．このように，名前の第一の役割は，人々の間で，ある物を他と区別し特定するというものである．この目的のためであれば，その物質が見つかった土地や，発見者にちなんだ名称など，好きなように名前をつけて利用すればよかった．しかし，名前はそれを他と区別し特定するだけでなく，それが何かを説明するものになるとさらに有用である．ある化合物の特定の名称が人々に広く受け入れられ長年使用されるようになると，定着した名称，すなわち慣用名と呼ばれるようになる．メタン，酢酸，乳酸，尿素は現在も使用されている**慣用名**である．錬金術の時代を経て元素の概念が明確になるにつれて，ある化合物がどの元素からできているかが，その化合物を理解する重要な要素であることがわかってきた．18世紀のもっとも著名な化学者の一人であるラヴォアジエは，ギトン・ド・モルヴォーらとともに1787年に『化学命名法（Méthode de Nomenclature Chimique）』を著した．この最初期の命名法が画期的だったのは，彼らの命名法が化合物の構成元素名を基礎としたものだったからであり，現在の命名法の礎となる考え方でもあった．

　この後，1808年にドルトンの原子論，1811年にアボガドロ仮説（実際にはカニッツァーロの再発見が1858年），1833年のファラデーの電気化学当量などにより原子量が明確になり，化合物を化学組成で体系的に表すことができるようになった．

　化学組成に基づく命名法（**組成命名法**[*1]）でつけた名前により，無機化合物の多くは識別できるようになった．また，19世紀末から金属（イオン）に分子やイオンが配位した一連の化合物の化学，すなわち錯体化学が発展を遂げたが，このようなそれまでに知られていなかった構造をもつ錯体に対して体系的な名称を与える**付加命名法**が開発された（3章参照）．

　有機化学は19世紀後半から爆発的な発展を遂げた．有機化合物では炭素-炭素結合が鎖状にほぼいくらでもつながり得ること，炭素原子の結合手は基本的に4本(結合数4)と決まっていることから，体系的な名称がつくりやすい．このような特徴をもつ有機化合物の命名には主として**置換命名法**が使われ，発展してきた．

　1919年に各国から化学者が参加する連合組織として **IUPAC**（International Union of Pure and Applied Chemistry, **国際純正・応用化学連合**）が設立された．この組織は化合物命名法の検討や化学的な用語や記号の審議・勧告にとどまらず化学が関係する多数の国際会議を主催するなど幅広い活動を行うようになり，現在では八つの部会，多数の委員会等をもつ非常に大きな組織である．

　IUPACが検討した命名法は勧告，ガイドあるいは学術論文という形でたびたび刊行・報告されている．これらはIUPAC命名法として世界各国・地域あるいは化学が関係する組織でおおむね受け入れられてきた．

　無機化学命名法に関する近年のおもな勧告等は1990，2000および2005年に刊行されている．この2005勧告[1])が無機化学命名法の最新のIUPAC勧告である．この勧告は刊行後約20年を経たこともあり，その内容は大学レベルの教科書・解説書等でもかなり周知されてきている．

　一方，有機化学命名法に関しては1979勧告および1993ガイド（1979勧告の部分的な修正と補足が中心）に加えて2013勧告[2)]がある．この最新の2013勧告は実質上1979勧告以来実に34年ぶりの大改訂であった．この勧告の最大の注目点は**優先IUPAC名**（**Preferred IUPAC Name**, 略称**PIN**）の導入である．すなわち，一つの化合物に対してただ一つの名称を優先IUPAC名とし，その使用を推奨するというものである．それまでは複数の命名法により一つの化合物に複数の名称が可能となることがあった．その場合，これら複数の名称はいずれも正式のIUPAC名であった．IUPACは2013勧告でPINを導入したことにつ

---

*1　物質の組成比に対して与える名称．例：N_2O_3 三酸化二窒素，O_3 三酸素（オゾン），NaCl 塩化ナトリウム，$MgCl(OH)$ 塩化水酸化マグネシウム

いて，"情報の爆発的な増大や国際化により，索引の作成や商工業，環境・安全情報の分野での法規制などにおいて，一つの化合物にはできるだけ一つの名称を使うことが望ましいとの要請が強まった"と述べている.

　IUPAC は PIN の使用を推奨してはいるが，PIN 以外の名称も条件つきで**一般IUPAC 名（General IUPAC Name，略称 GIN）**としてその使用を認めている．このような説明だけではあまりに漠然としているので，以下にいくつかの有機化合物を取り上げて，PIN と GIN の例を示す.

エーテルの例：　$CH_3CH_2OCH_2CH_3$
　ethoxyethane　エトキシエタン（PIN）
　diethyl ether　ジエチルエーテル（GIN）
カルボン酸の例：　CH_3COOH
　acetic acid　酢酸（PIN）　　ethanoic acid　エタン酸（GIN）
アミンの例：　CH_3NH_2
　methanamine　メタンアミン（PIN）　　methylamine　メチルアミン（GIN）
ケトンの例：　CH_3COCH_3
　propan-2-one　プロパン-2-オン（PIN）
　dimethyl ketone　ジメチルケトン（GIN）　　acetone　アセトン（GIN）

　見覚えのある名称もあるが，見たことのない名称もあるのではないだろうか．IUPAC 有機化学命名法が大きく変わったのである．PIN や GIN をつくりだす手続きについては 2 章で学んでほしい.

　無機化学命名法にはまだ PIN や GIN の概念は導入されていない．しかし，新しく改訂された有機化学命名法は無機化学命名法にも大きな影響を与えている．錯体に含まれる配位子の多くは有機化合物だからである．さらに，金属と炭素との結合を含む化合物を研究対象とするのが有機金属化学であるが，この化学は有機化学と無機化学が相互乗り入れをしている学際領域だからである.

　2013 勧告が刊行されて約 10 年経過したが，この新しい命名法を取り入れた大学レベルの教科書・解説書等はほとんどない．ところが，最近，化審法[*2]，安衛法[*3] においては法律に基づく化学物質の公示名称に PIN を使うという告知がな

＊2　化学物質の審査及び製造等の規制に関する法律
＊3　労働安全衛生法

されるなどしたため，産業界・商業界でも PIN の理解が欠かせなくなった．このような状況を考慮すると，大学でも命名法を取り上げ，PIN や GIN の基礎的な概念を理解する授業が必要になったといえよう．そこで，もっとも新しい IUPAC 勧告に基づいた入門書を提供する必要があると考えた．とはいうものの命名法は実は非常に奥深いものである．例えば，IUPAC の 2013 勧告（原著）[2] は 1600 ページに達する大部なものである．本書は IUPAC 勧告の内容を精選し，できる限りわかりやすい命名法の解説を目指した．より詳しく IUPAC 命名法を学ぶには本書よりも一段階詳しい解説をしている文献[3] をお勧めしたい．この書は原著である IUPAC 勧告[1,2] と本書の中間的な位置を占める書籍である．

第2章

有機化学命名法

　有機化合物は炭素原子を骨格とする化合物であり，炭素原子のほかに，水素 H，酸素 O，窒素 N，硫黄 S，ハロゲンなどで構成される．無機化合物に比べて構成元素の種類ははるかに少ないが，有機化合物の種類はきわめて多い．これは，炭素原子が 4 個の価電子をもち，共有結合により鎖状や環状，単結合や多重結合などで，多様なつながり方ができるからである．これらの膨大な有機化合物を体系的に理解するうえで，有機化合物を官能基別に分類することが第一歩となる．さらに，これらの"官能基"や"基"への理解が，1 章で述べた IUPAC 命名法を中心とした体系的命名法を身につけるうえでの基礎になる．

　例えば，身近な有機化合物であるアルコールを見てみよう．メタノール CH_3OH とエタノール CH_3CH_2OH は，どちらもヒドロキシ基 $-OH$ を官能基としており，水にも油にもよく溶け，青い炎を出してよく燃える，という共通の性質をもっている．これらの性質を決定づけているのが，官能基であるヒドロキシ基である．一方で，官能基以外の部分は，メタノールではメチル基 CH_3-，エタノールではエチル基 CH_3CH_2- であり，それぞれ炭化水素であるメタン CH_4 とエタン CH_3CH_3 から一つの水素を除いたものである．これらを炭化水素基という．官能基をもつ有機化合物においては，炭化水素基が多少異なっていても，同じ官能基であれば共通の性質をもつことが多い．このようにして，官能基をもとに体系的に分類すれば，膨大な数の有機化合物を効率よく理解することが可能となる．また，有機化学命名法において，炭化水素基のもとになる炭化水素は，母体化合物として基盤となる構造と位置づけられており，メタノールやエタノールの名称は，それぞれの母体化合物の名称であるメタンやエタンをもとにしてつくっている．

　本章では比較的単純で基本的な有機化合物の PIN を扱うが，高等学校までの教科書はもとより，大学での教科書や参考書でも慣用名などが広く使用されている．また，慣用名や従来の体系的名称が GIN として使用が認められる場合があることから，必要に応じて GIN も併記することとする．PIN を作成するにあたり，使用できる接頭語や接尾語として，優先接頭語（preferred prefix）や優先接尾語（preferred suffix）が示されているが，これらにも従来の名称が GIN として使用が認められているものもある．

　本章ではなにも注釈のない名称が PIN，（GIN）を付した名称が GIN である．置換基の制限については括弧内に付記することとする．GIN が複数ある化合物には一部を掲載しない場合がある．慣用名における置換基の制限については 2.1.6 項で述べ，詳しくは 2.2 節以降で個別に述べる．

2.1　有機化学命名法の一般原則

　有機化合物の構造において，炭化水素などの母体化合物の水素原子を置換している原子または原子団を置換基という．置換基のうち，ハロゲンや =O のような 1 個のヘテロ原子（炭素および水素以外の原子），−OH，−NH$_2$ のようにヘテロ原子を含む原子団，$>$C=O，−COOH，−C≡N のように炭素原子を含むヘテロ原子団を総称して**特性基**という．特性基を含む化合物の名称は，母体化合物名と特性基を組み合わせてつくる．各種の体系的命名法のうち，多くの化合物に適用されるのは**置換命名法**と**官能種類命名法**である．本節では各命名法の一般原則などを示す．

2.1.1　命名法を理解するための準備

　命名法について説明する前に，簡単な有機化合物の構造と名称を確認しよう．有機化合物の名称と構造の例を表 2.1 に示す．メタン，エタン，ヘキサンはアルカンで，すべて単結合からなる鎖状炭化水素である．炭素が 3 個以上であれば環状構造が可能である．すべて単結合からなるシクロアルカンの名称は，同じ炭素数のアルカンの前にシクロ（cyclo）をつける．例えば 6 個の炭素が単結合で環状に結ばれている場合はシクロヘキサンという．エテン（CH$_2$=CH$_2$ の PIN である．エチレンは PIN でも GIN でもなくなり，たんなる慣用名として扱われる）は 2 個の炭素原子間が二重結合で結ばれているアルケンである．分子式 C$_6$H$_6$ のベンゼンの構造は，6 個の炭素原子を単結合と二重結合を交互に描いて示す．エ

表 2.1 有機化合物の名称と構造表記法の例

化合物名	構造式	簡略化した表記	線形表記
methane メタン	$H-\overset{H}{\underset{H}{C}}-H$	CH_4	なし
ethane エタン	$H-\overset{H}{\underset{H}{C}}-\overset{H}{\underset{H}{C}}-H$	CH_3CH_3	—
ethene エテン	$\overset{H}{}C=C\overset{H}{}$	$CH_2=CH_2$	=
hexane ヘキサン	$H-C-C-C-C-C-C-H$ (各炭素にH)	$CH_3CH_2CH_2CH_2CH_2CH_3$	∿
cyclohexane シクロヘキサン	環状構造	H_2C 環状	⬡
benzene ベンゼン	環状構造	環状構造	⬡(芳香)
ethanol エタノール	$H-\overset{H}{\underset{H}{C}}-\overset{H}{\underset{H}{C}}-O-H$	CH_3CH_2OH	⌒OH
acetic acid 酢酸	$H-\overset{H}{\underset{H}{C}}-\overset{}{\underset{O}{C}}-O-H$	$CH_3-\overset{}{\underset{O}{C}}-OH$	⌒$\overset{O}{}$OH

タノールや酢酸は特性基としてそれぞれ −OH と −COOH を含む．エタノールは炭素数 2 のエタンを母体化合物としたアルコールで，ethane＋ol（エタン＋オール）の組合せで"ethanol（エタノール）"という名称になる．

　有機化合物の構造を示す際には簡略化した表記や線形表記を使うことが多い．例えば，分子式 C_6H_{14} のヘキサンでは，構造式にあるようにすべての原子と価標を描くと煩雑になる．そこで，原子のつながり方に誤解がない程度に価標を省略した簡略化した表記で示すことがある．場合によっては炭素と水素を省略した

線形表記もあり，本書で"構造式"とある場合は，簡略化した表記や線形表記を含めるものとする．

　特性基をもつ有機化合物の例として，−COOH を含むカルボン酸の構造と名称を図 2.1 に示す．鎖状炭化水素を母体化合物とするカルボン酸の体系的名称は，alkane（アルカン）の名称に oic acid（酸）を接尾語としてつける．例えば，炭素数 1 の methane（メタン）を母体としたカルボン酸は methanoic acid（メタン酸）で，炭素数 2 の ethane（エタン）を母体としたカルボン酸は ethanoic acid（エタン酸）である．ただし，それぞれ慣用名である formic acid（ギ酸）と acetic acid（酢酸）が PIN で，これらの体系的名称は GIN である．炭素数 3 以上では体系的名称が PIN で慣用名が GIN である．

　鎖状カルボン酸は −COOH の炭素を含めた炭化水素を母体化合物として命名する．図 2.1 の構造式の炭素原子についている数字は位置番号といわれ，構造式中の炭素の位置を示すためのものである．鎖状カルボン酸は −COOH の炭素を位置番号 1 とする．一方で，環状構造を含むカルボン酸では，−COOH の炭素を含める炭化水素の名称をつけるのが困難である．このような場合は，−COOH の炭素を含まない炭化水素を母体化合物として，alkane（アルカン）の名称に carboxylic acid（カルボン酸）を接尾語としてつける．例えば，cyclohexane（シクロヘキサン）の 1 個の水素を −COOH に置換した場合は，cyclohexanecarboxylic acid（シクロヘキサンカルボン酸）となる．

　化合物の構造の中で，同じ形態（置換基，特性基，多重結合）とそれに対応する接尾語などが複数あることを示すために，3 種の倍数接頭語が使われる．表 2.2 に示す基本倍数接頭語は，単純な置換基や多重結合の数を表す接頭語として

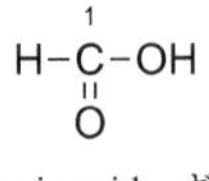

formic acid　ギ酸
methanoic acid（GIN）
メタン酸

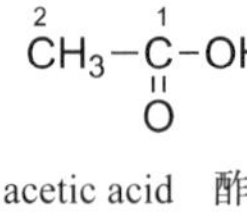

acetic acid　酢酸
ethanoic acid（GIN）
エタン酸

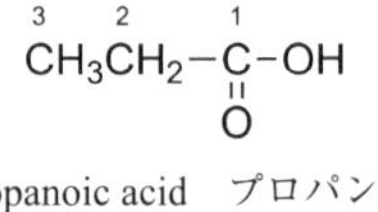

propanoic acid　プロパン酸
propionic acid（GIN）
プロピオン酸

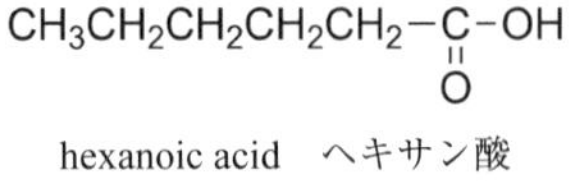

hexanoic acid　ヘキサン酸

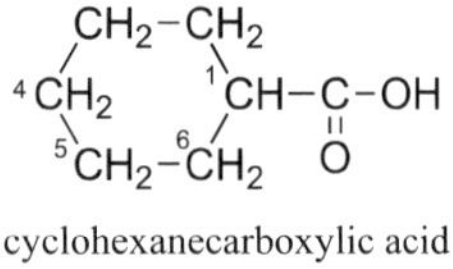

cyclohexanecarboxylic acid
シクロヘキサンカルボン酸

図 2.1　カルボン酸の構造と名称の例

表 2.2 基本倍数接頭語

数値	数 詞		数値	数 詞	
1	mono	モノ	13	trideca	トリデカ
2	di	ジ	14	tetradeca	テトラデカ
3	tri	トリ	15	pentadeca	ペンタデカ
4	tetra	テトラ	16	hexadeca	ヘキサデカ
5	penta	ペンタ	17	heptadeca	ヘプタデカ
6	hexa	ヘキサ	18	octadeca	オクタデカ
7	hepta	ヘプタ	19	nonadeca	ノナデカ
8	octa	オクタ	20	icosa	イコサ
9	nona	ノナ	21	henicosa	ヘンイコサ
10	deca	デカ	22	docosa	ドコサ
11	undeca	ウンデカ	30	triaconta	トリアコンタ
12	dodeca	ドデカ	40	tetraconta	テトラコンタ

まず最初に選ぶ対象となる．ただし，接頭語 mono（モノ）は，体系的な名称において通常は使用されない．また，複雑な置換基や構造に対して他の2種の倍数接頭語を使用する場合もあるので，詳しくは以後個別に説明する．

2.1.2 項以降では，体系的命名法の一般原則についてそれぞれ述べる．

2.1.2 置換命名法

置換命名法（substitutive nomenclature）は，母体化合物の水素を特性基で置き換えたことを示す命名法で，置換した特性基の名称を接頭語または接尾語で示す．2013 勧告では可能な限り置換命名法での名称を PIN としている．

例えば，アルコールの CH_3-OH は，CH_4 の methane（メタン）を母体化合物として，methane の1個の水素を $-OH$ で置き換えたとみなす．アルコールを表す接尾語は ol（オール）なので，methane の末尾の e を ol に換え，methanol（メタノール）と命名される．

2種以上の異なる特性基をもつ化合物のときは，これらの特性基のうちの一つを主特性基として接尾語で表し，そのほかの特性基はすべて接頭語として表す．置換命名法で用いられる主特性基の接尾語と接頭語を，表 2.3 に示す．特性基のなかには，どのような場合でも必ず接頭語として表す特性基がある．これを**強制接頭語**といい，表 2.4 に示す．例えば，ニトロ化合物の CH_3-NO_2 は，母体化合物の CH_4 の1個の水素を $-NO_2$ で置き換えたとみなす．$-NO_2$ は強制接頭語であり，ニトロ化合物を表す接頭語は nitro（ニトロ）なので，methane の前に

表 2.3　置換命名法で用いられる代表的な特性基の接尾語と接頭語

化合物の種類	式*	接頭語	接尾語
カルボン酸	$-COOH$	carboxy　カルボキシ	carboxylic acid　カルボン酸
	$-(C)OOH$	–	oic acid　酸
酸無水物	$\begin{matrix}-CO\\-CO\end{matrix}{>}O$	–	oic anhydride または ic anhydride　-酸無水物
エステル	$-COOR$	R-oxycarbonyl R オキシカルボニル	R-carboxylate　カルボン酸 R
	$-(C)OOR$	–	R-oate　-酸 R
酸ハロゲン化物	$-COX$	haloformyl　ハロホルミル	carbonyl halide カルボニル=ハライド
	$-(C)OX$	–	oyl halide　オイル=ハライド
アミド	$-CONH_2$	carbamoyl　カルバモイル	carboxamide　カルボキシアミド
	$-(C)ONH_2$	–	amide　アミド
ニトリル	$-C{\equiv}N$	cyano　シアノ	carbonitrile　カルボニトリル
	$-(C){\equiv}N$	nitrilo　ニトリロ	nitrile　ニトリル
アルデヒド	$-CHO$	formyl　ホルミル	carbaldehyde　カルボアルデヒド
	$-(C)HO$	oxo　オキソ	al　アール
ケトン	${>}(C){=}O$	oxo　オキソ	one　オン
アルコール, フェノール	$-OH$	hydroxy　ヒドロキシ	ol　オール
アミン	$-NH_2$	amino　アミノ	amine　アミン
エーテル	$-OR$	R-oxy　R オキシ	–

*　式中で括弧に入れた炭素原子は母体化合物に含まれ，接尾語や接頭語で表される特性基に含まれない.

表 2.4　代表的な強制接頭語

特性基	接頭語	
$-Br$	bromo	ブロモ
$-Cl$	chloro	クロロ
$-F$	fluoro	フルオロ
$-I$	iodo	ヨード
$-NO_2$	nitro	ニトロ
$-OR$	R-oxy	R オキシ

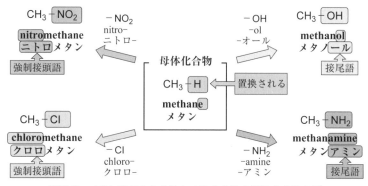

図 2.2　メタンを母体化合物とする化合物の置換命名法の例

nitro を置き，nitromethane（ニトロメタン）と命名する．メタンを母体化合物と
する化合物の置換命名法による名称を図 2.2 に示す．

　特性基が 1 種のときは，それを主特性基として接尾語で表す．特性基を 2 種
以上もつときは，表 2.3 や表 2.5 でより上位にある基を主特性基として接尾語で
表し，それ以外はすべて接頭語として表す．

　表 2.3 の ＊ で述べたように，式中に括弧に入れた炭素は母体化合物に含まれる
ため，特性基の炭素原子を含めた母体化合物の名称に接頭語や接尾語をつけて命
名する．カルボン酸やアルデヒドなどのように，接頭語や接尾語が 2 種類ある場
合は，表 2.3 の下段のように，特性基の炭素原子を含めた母体化合物の名称に接頭
語や接尾語をつけて命名するほうを優先する．この方法での命名が難しい構造，
例えば環状化合物では，2.1.1 項で述べたように，特性基の炭素原子を除いた母
体化合物の名称に，表 2.3 の上段の接頭語や接尾語をつけて命名する（図 2.3）．

2.1.3　官能種類命名法

　官能種類命名法（functional class nomenclature）では，化合物の官能種
類名を 1 語で表現し，分子の残りの部分を，母体化合物から誘導される基（お
もに炭化水素基，表 2.6）の名称として，種類名の前に別の語として置くことで
示す．比較的簡単な化合物の命名に便利である．官能種類名を表 2.7 に示す．
2013 勧告では，エステル，酸ハロゲン化物，酸無水物などで官能種類命名法が
優先的に用いられる．英語では官能種類名と基名を別の語で表す．日本語では化
合物名全体を 1 語で表すが，複雑な化合物名のときは，言語の語間に相当する
部分につなぎ符号 = を入れる．

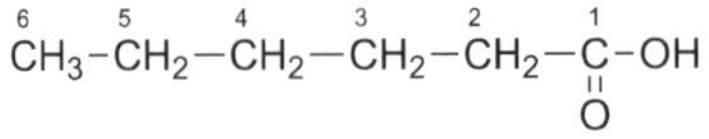

$$\overset{6}{CH_3}-\overset{5}{CH_2}-\overset{4}{CH_2}-\overset{3}{CH_2}-\overset{2}{CH_2}-\overset{1}{\underset{\underset{O}{\|}}{C}}-OH$$

hexanoic acid　ヘキサン酸
（pentanecarboxylic acid　ペンタンカルボン酸ではない）

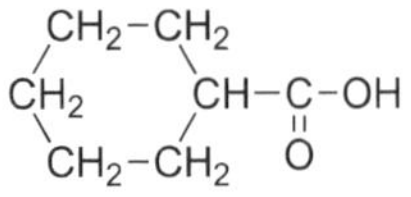

cyclohexanecarboxylic acid
シクロヘキサンカルボン酸

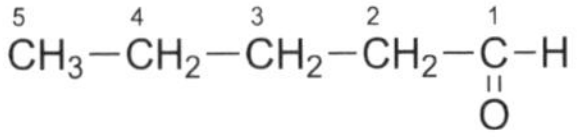

$$\overset{5}{CH_3}-\overset{4}{CH_2}-\overset{3}{CH_2}-\overset{2}{CH_2}-\overset{1}{\underset{\underset{O}{\|}}{C}}-H$$

pentanal　ペンタナール
（butanecarbaldehyde　ブタンカルボアルデヒドではない）

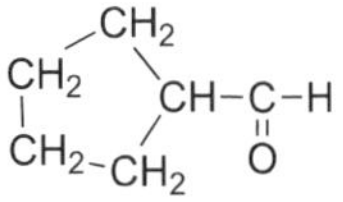

cyclopentanecarbaldehyde
シクロペンタンカルボアルデヒド

図 2.3　カルボン酸とアルデヒドの 2 種類の接尾語による化合物の名称

表 2.5　化合物種類の優先順位（一部）

左上に書かれているものが優先し，同じグループ内では先に書かれているものが優先する.

陰イオン（アニオン）	アルデヒド
両性イオン化合物	ケトン，擬ケトン（2.6.9 項参照）
陽イオン（カチオン）	アルコール，フェノール
カルボン酸	アミン
酸無水物	窒素化合物：複素環，ジアゼンなど
エステル	酸素化合物：複素環など
酸ハロゲン化物	炭素化合物：環，鎖
アミド	エーテル
ニトリル	ハロゲン化合物（F > Cl > Br > I）

表 2.6　代表的な炭化水素基名

炭化水素基	基の名称	
CH_3-	methyl	メチル
CH_3CH_2-	ethyl	エチル
$CH_3CH_2CH_2CH_2-$	butyl	ブチル
$\overset{1}{CH_3}\overset{2}{CH}\overset{3}{CH_2}\overset{4}{CH_3}$ $\|$	butan-2-yl	ブタン-2-イル
$(CH_3)_3C-$	*tert*-butyl	*tert*-ブチル
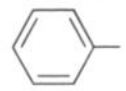 ⌬	phenyl	フェニル

　例えば，CH_3-OH は，官能種類名が alcohol（アルコール），炭化水素基名が methyl（メチル）なので，これらの語句を組み合わせて methyl alcohol（メチルアルコール）と命名される．官能種類命名法の例を図 2.4 に示す.

表 2.7　代表的な官能種類名

基	官能種類名*	
−C≡N	cyanide	シアン化またはシアニド
⟩C=O	ketone	ケトン
−OH	alcohol	アルコール
−O−	ether	エーテル
−F	fluoride	フッ化またはフルオリド
−Cl	chloride	塩化またはクロリド
−Br	bromide	臭化またはブロミド
−I	iodide	ヨウ化またはヨージド

*　日本語名で〜化とある官能種類名は，炭化水素基名の前に
　　置く（例：臭化ブチル）．

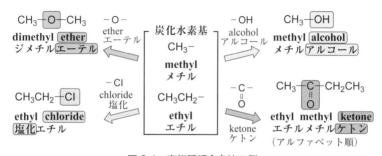

図 2.4　官能種類命名法の例

2.1.4　倍数命名法

　倍数命名法（multiplicative nomenclature） は，同一の母体構造が複数
集まった化合物を命名するために使う．置換基や特性基には，メタノール
CH_3−OH のメチル基 CH_3− やヒドロキシ基 −OH のように，一つの基のみと結
合する一価の基のほかに，複数の基と結合できるものもあり，結合できる数に
より二価，三価……と表す．これらの表現は原子価と同じである．二価以上の原
子価をもつ置換基を**倍数置換基（multiplicative substituent）** という．以下に倍数
置換基の例を示す．なお，炭化水素に由来する倍数置換基は 2.2.2 項で述べる．

　　例：−CH_2−　　methylene　　メチレン

　　　　−O−　　　oxy　　　　　　オキシ

　　　　−CO−　　carbonyl　　　　カルボニル

　　　　−N⟨　　　nitrilo　　　　　ニトリロ

　　－NH－　　　azanediyl　　　アザンジイル

　　－N=N－　　diazenediyl　　ジアゼンジイル

これらの倍数置換基に，位置番号などを含めて**すべて同一の構造単位**が結合する場合はこの命名法により PIN をつくることができる．

　例：

1,1′-methylenedibenzene　　　　　1,1′-oxydicyclohexane
1,1′-メチレンジベンゼン　　　　　1,1′-オキシジシクロヘキサン

　この命名法は構造単位が炭素のみからなる鎖状化合物の場合では使えない．例えば $CH_3CH_2-O-CH_2CH_3$ の PIN は ethoxyethane（エトキシエタン）で，1,1′-oxydiethane（1,1′-オキシジエタン）とはできない．しかし，構造単位が環状炭化水素基であったり，表2.3や表2.5に示す優先順位において倍数置換基より上位である特性基などを含んでいたりする場合は，倍数命名法による名称が PIN になり，置換命名法による名称は GIN になる．

　例：

HOOC－CH₂－$\overset{3'}{CH_2}$－O－$\overset{3}{CH_2}$－CH₂－COOH　　　3,3′-oxydipropanoic acid
3,3′-オキシジプロパン酸

2.1.5　命名法における優先順位と置換命名法の手順

　特性基をもつ化合物を含めて，すべての化合物の母体構造や基について詳しく優先順位が表2.3や表2.5のとおりに定められており，PIN ではこの優先順位を厳密に守らなければならない．同じグループや種類のなかでも詳しく順位が決められている．

　大部分の化合物では置換命名法による名称が PIN である．置換命名法での一般的な命名の手順は以下のとおりである．

（1）主特性基を決める．

（2）母体構造を決める．母体構造は主特性基をもち，その数が多いほうである．鎖より環を優先し，環が存在しなければ鎖が長いものを優先する．環でも鎖でも，優先順位が高いのはより多くの多重結合をもち，より多くの二重結合をもつほうである．これでも決まらない場合は，接尾語で表される特性基の位置番号がより小さく，連結点がより小さいほうを優先する．このほかの優先順位は表2.5に従う．

（3）母体構造に主特性基がついた化合物の名称をつくる．基本的には，母体

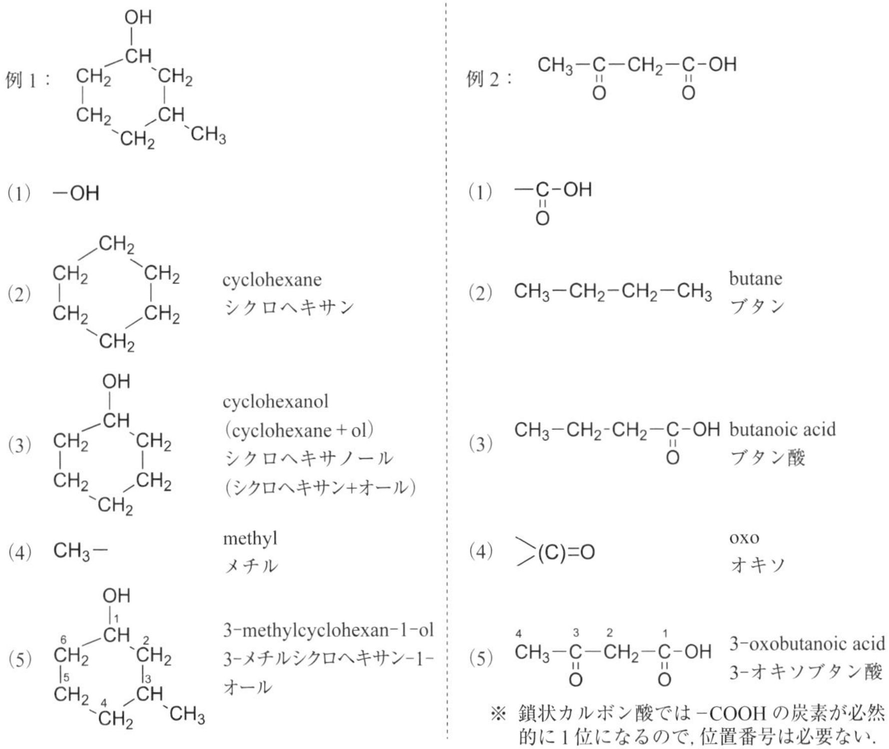

例1:

(1) —OH

(2)

cyclohexane
シクロヘキサン

(3)

cyclohexanol
(cyclohexane + ol)
シクロヘキサノール
(シクロヘキサン+オール)

(4) CH₃— methyl
メチル

(5)

3-methylcyclohexan-1-ol
3-メチルシクロヘキサン-1-
オール

例2: $CH_3-\overset{}{\underset{O}{C}}-CH_2-\overset{}{\underset{O}{C}}-OH$

(1) $-\overset{}{\underset{O}{C}}-OH$

(2) CH₃−CH₂−CH₂−CH₃ butane
ブタン

(3) $CH_3-CH_2-CH_2-\overset{}{\underset{O}{C}}-OH$ butanoic acid
ブタン酸

(4) >(C)=O oxo
オキソ

(5) $\overset{4}{CH_3}-\overset{3}{\underset{O}{C}}-\overset{2}{CH_2}-\overset{1}{\underset{O}{C}}-OH$ 3-oxobutanoic acid
3-オキソブタン酸

※ 鎖状カルボン酸では−COOH の炭素が必然
的に1位になるので, 位置番号は必要ない.

図2.5 置換命名法での一般的な命名の手順

構造の名称に表2.3 の特性基の接尾語をつける. 必要であれば倍数接頭語
などをつける.
(4) ほかの特性基や置換基があれば接頭語で表し, 必要であれば倍数接頭語
などをつける.
(5) 主特性基の位置番号が最小になるようにして位置番号を決め, そのほか
の特性基や置換基の位置番号もなるべく小さくなるようにして, 基の名称
の接頭語や接尾語の直前にハイフンをつけて命名する.
置換命名法の例を図2.5 に示す. 炭化水素の名称は2.2 節を参照のこと.

2.1.6 慣用名をもつ化合物における置換規則

2章のはじめに述べたように, 2013 勧告では慣用名が大幅に削減された. こ
れに加えて, 慣用名をもつ化合物への置換に制限があったり, 置換されると PIN

や GIN として使用できなかったりすることがある.

　例えば, acetic acid（酢酸）や toluene（トルエン）は 2013 勧告において PIN として認められ, acetone（アセトン）や acetylene（アセチレン）は GIN として認められている慣用名である. 慣用名に表 2.3 の特性基の存在が接尾語で示されていたり（ic acid（酸）や one（オン））, 表 2.7 の官能種類を示しているものについての置換は, 接尾語よりも下位にあり接頭語として表現する置換基の置換は認められる. toluene や acetylene のように, 接尾語を示していない慣用名をもつ母体化合物では, 置換が認められるのは表 2.4 の強制接頭語のみである. toluene は PIN であるが, この名称は非置換体のみで使用が可能であり, toluene の置換体の PIN はベンゼンの誘導体として命名しなおす必要がある. ただし, toluene の置換体の名称は GIN としての使用が認められる.

　例：

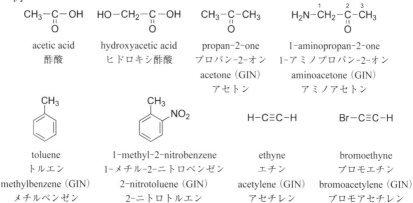

acetic acid	hydroxyacetic acid	propan-2-one	1-aminopropan-2-one
酢酸	ヒドロキシ酢酸	プロパン-2-オン	1-アミノプロパン-2-オン
		acetone（GIN）	aminoacetone（GIN）
		アセトン	アミノアセトン

toluene	1-methyl-2-nitrobenzene	ethyne	bromoethyne
トルエン	1-メチル-2-ニトロベンゼン	エチン	ブロモエチン
methylbenzene（GIN）	2-nitrotoluene（GIN）	acetylene（GIN）	bromoacetylene（GIN）
メチルベンゼン	2-ニトロトルエン	アセチレン	ブロモアセチレン

　このほか, GIN の中にはどのような種類の置換も認められない慣用名もある. 例えば, propionic acid（プロピオン酸）や resorcinol（レソルシノール）は置換が認められない GIN で, これらの GIN の名称に置換基を表す接頭語や接尾語などをつけた名称は, GIN として使用できない. ただし, カルボン酸の GIN からエステルや無水物などの特性基に変換した名称は, GIN として認められる.

　例：

propanoic acid	3-chloropropanoic acid	ethyl propanoate
プロパン酸	3-クロロプロパン酸	プロパン酸エチル
propionic acid（GIN）	（3-chloropropionic acid	ethyl propionate（GIN）
プロピオン酸	3-クロロプロピオン酸ではない）	プロピオン酸エチル

benzene-1,3-diol
ベンゼン-1,3-ジオール
resorcinol（GIN） レソルシノール

2-bromobenzene-1,3-diol
2-ブロモベンゼン-1,3-ジオール
（2-bromoresorcinol 2-ブロモレソルシノールではない）

2.2 節以降では，PIN や GIN において置換が認められない場合には"非置換"や"置換不可"，接頭語として表現する置換基の置換は認められる場合には"置換可能"と表す．

2.1.7 日本語名についての規則

IUPAC 勧告で示される化合物名は英語である．この名称を日本語で表記するには，日本語に翻訳する場合や，英語をもとにカタカナ表記に字訳する場合，あるいは両者を併用する場合がある．例えば，CH_3COOH acetic acid に対応する酢酸は翻訳名，CH_3CH_2OH ethanol に対応するエタノールは字訳名，CH_3CH_2COOH propanoic acid に対応するプロパン酸は翻訳名と字訳名の併用である．**2013 勧告で PIN が定められたことにより，PIN の英語名に対応する日本語名はただ一つ**とすることになった．これに対して GIN では，2.3 節のハロゲン化合物や 2.6.4 項の酸ハロゲン化物のように一つの英語名に複数の日本語名が可能な場合もある．

英語の化合物名をカタカナ表記に字訳するため，表 2.8 の字訳規準表が定められている．ただし，この表に従わない日本語名が定着している場合は，その名称をそのまま使用する．例えば，salicylic acid に対してサリチル酸という日本語が定着しており，字訳規準表を当てはめたサリシル酸とはしない．また，英語以外の外国語を原語とした日本語名も，英語の名称の字訳名に改めることはしない．例えばドイツ語に由来する Na ナトリウムや K カリウムなどである．

日本語名の作成におけるこのほかの規則を以下にいくつか述べる．

数を表す接頭語の表記

表 2.2 で示した倍数接頭語 mono，di，tri，tetra などを日本語にするとき，翻訳名の前では"一，二，三，四"などの漢数字に翻訳し，字訳名の前では"モノ，ジ，トリ，テトラ"などと字訳する．ただし，ナトリウムなどの元素名の前では，すべて"一，二"などの漢数字に翻訳する．

例： calcium diacetate 二酢酸カルシウム

disodium butanedioate ブタン二酸二ナトリウム

複合名の表記

　複合名とは，2.1.5 項で述べたように，母体構造の名称に主特性基の語尾をつけ，置換基名，倍数接頭語，位置番号などを組み合わせて作成した化合物の名称のことである．このような複合名を字訳する際のおもな原則を以下に示す．

　（1）複合名は語構成要素ごとに表 2.8 に従って字訳する．

　例：　benzaldehyde　ベンズアルデヒド（ベンザルデヒドとしない）

　　　　acetamide　アセトアミド（アセタミドとしない）

　（2）a や o で終わる接頭語の次が母音で始まる名称のとき，接頭語の a や o が脱落することがあるが，これらは脱落前の形に戻して字訳する．例えば，表 2.2 で示した倍数接頭語の tetra のあとに，表 2.3 の −OH の接尾語 ol をつけた tetra と ol では，tetra の末尾の a が脱落して "tetrol" となるが，"テトラオール" と字訳する．

　（3）不飽和炭化水素の名称は，同じ炭素数の飽和炭化水素の名称の接尾語 ane を二重結合や三重結合を表す接尾語 ene や yne に換え，不飽和結合の炭素の位置番号を接尾語の前に入れる（2.2 節）．字訳の際には ane の a が位置番号の前にあるものとして字訳する．

　例：

$$CH_3CH_2CH_2CH_3$$

butane　ブタン

$$\overset{1}{CH_3}-\overset{2}{CH}=\overset{3}{CH}-\overset{4}{CH_3}$$

but-2-ene　ブタ-2-エン

$$CH_3CH_2CH_2CH_2CH_2CH_3$$

hexane　ヘキサン

$$\overset{1}{CH_3}\overset{2}{CH_2}-\overset{3}{C}\equiv\overset{4}{C}-\overset{5}{CH_2}\overset{6}{CH_3}$$

hex-3-yne　ヘキサ-3-イン

　個別の日本語名については，次節以降で述べる．表 2.8 の字訳規準表の例外も多いので，詳しくは文献[2]を参照のこと．

つなぎ符号

　英語では一つの化合物名中で，スペースにより別語として分けて表記することがあるが，日本語ではこうした規則はなく，続けて表記するのが一般的である．

　例：　ethyl alcohol　エチルアルコール

　しかし，続けて字訳すると難解であったり，ほかの化合物名と混同する可能性があったりする場合に，原語のスペースの箇所につなぎ符号 = を入れることがある．PIN ではつなぎ符号を入れるかどうかが個別に定められている．詳しくは次節以降を参照のこと．

表 2.8　化合物名の字訳規準表

（子音字）	字訳　A. 子音字とそれに続く母音字との組合せ（母音字）					B. 子音字*　同じ子音字が次にくるとき	B. 子音字*　他の子音字が次にくるときまたは単語末尾のとき	備考
	a	i, y	u	e	o			
	ア	イ	ウ	エ	オ			子音字と組み合わされていない母音字
b	バ	ビ	ブ	ベ	ボ	促	ブ	
c	カ	シ	ク	セ	コ	促	ク※	※ ch=k; ch, k, qu の前の c は促音；sc は別項
d	ダ	ジ	ズ	デ	ド	促	ド	
f	ファ	フィ	フ	フェ	ホ	※	フ	※ ff=f; pf=p
g	ガ	ギ	グ	ゲ	ゴ	促	グ	gh=g
h	ハ	ヒ	フ	ヘ	ホ	—	長	sh, th は別項；ch=k; gh=g; ph=f; rh, rrh=r
j	ジャ	ジ	ジュ	ジェ	ジョ	—	ジュ	
k	カ	キ	ク	ケ	コ	促	ク	
l	ラ	リ	ル	レ	ロ	※	ル※	※ ll=l
m	マ	ミ	ム	メ	モ	ン	ム※	※ b, f, p, pf, ph の前の m はン
n	ナ	ニ	ヌ	ネ	ノ	ン	ン	
p	パ	ピ	プ	ペ	ポ	促	プ※	※ pf=p; ph=f
qu	クア	キ	—	クエ	クオ	—	—	
r	ラ	リ	ル	レ	ロ	※	ル※	※ rr, rh, rrh=r
s	サ	シ	ス	セ	ソ	促	ス※	※ sc, sh は別項
sc	スカ	シ	スク	セ	スコ	—	スク	
sh	シャ	シ	シュ	シェ	ショ	—	シュ	
t	タ	チ	ッ	テ	ト	促	ト※	※ th は別項
th	タ	チ	ッ	テ	ト	—	ト	
v	バ	ビ	ブ	ベ	ボ	—	ブ	
w	ワ	ウィ	ウ	ウェ	ウォ	—	ウ	
x	キサ	キシ	キス	キセ	キソ	—	キス	
y	ヤ	イ	ユ	エ	ヨ	—	※	※この場合は母音字
z	ザ	ジ	ズ	ゼ	ゾ	促	ズ	

*　"促"は促音化（例：saccharin サッカリン），"長"は長音化.

2.2　炭 化 水 素

　炭素と水素だけからなる化合物を**炭化水素**という．炭化水素はもっとも基本的な有機化合物であり，命名法においても炭化水素の名称から様々な有機化合物の名称をつくる場合が多いことから，**母体化合物**として扱われる．

　炭化水素は**飽和炭化水素**と**不飽和炭化水素**に大別され，飽和炭化水素はすべての炭素–炭素結合が単結合であり，不飽和炭化水素には，炭素–炭素結合の中に二重結合や三重結合といった不飽和結合を含んでいる．また，飽和炭化水素でも不飽和炭化水素でも，炭素原子が鎖状に結合しているものを**鎖状炭化水素**，環状に結合しているものを**環状炭化水素**という．環状炭化水素で不飽和炭化水素のうち，ベンゼンとその誘導体に代表される化合物は**芳香族化合物**と呼ばれ，それ以外の炭化水素を**脂肪族化合物**という．芳香族以外の有機化合物では，基本的にその有機化合物の炭素数に応じた飽和炭化水素をもとに命名する．

　以下に炭化水素の命名法について順に述べる．なお，命名法における母体化合物としては，炭化水素以外にヘテロ原子を含む複素環があるが，これについては2.9 節で述べる．

2.2.1　脂肪族炭化水素

a. 飽和炭化水素

アルカン（alkane）C_nH_{2n+2}

　枝分かれのない飽和直鎖炭化水素は，表 2.9 のように命名する．メタンからブタンまでは慣用名が使われ，炭素原子数 5 以上の炭化水素は，倍数接頭語（表 2.2）の末尾の文字 a を省略して接尾語 ane をつける．

アルキル基（alkyl group）$C_nH_{2n+1}-$

　飽和直鎖炭化水素の鎖端から水素 1 原子を除いてできるアルキル基は，炭化水素名の接尾語 ane を yl に換えて命名する（表 2.10）．

枝のある飽和鎖状炭化水素

　枝のある飽和鎖状炭化水素は，飽和直鎖炭化水素の誘導体として命名する．分子内のもっとも長い直鎖の部分である主鎖に相当する名称の前に，側鎖の基名とその数を倍数接頭語（表 2.2）として加える．

　側鎖の位置は主鎖炭素の番号で表す．位置番号は側鎖の位置が最小の番号にな

表 2.9　飽和直鎖炭化水素 C_nH_{2n+2} の名称

n	名　称		n	名　称	
1	methane	メタン	13	tridecane	トリデカン
2	ethane	エタン	14	tetradecane	テトラデカン
3	propane	プロパン	15	pentadecane	ペンタデカン
4	butane	ブタン	16	hexadecane	ヘキサデカン
5	pentane	ペンタン	17	heptadecane	ヘプタデカン
6	hexane	ヘキサン	18	octadecane	オクタデカン
7	heptane	ヘプタン	19	nonadecane	ノナデカン
8	octane	オクタン	20	icosane	イコサン
9	nonane	ノナン	21	henicosane	ヘンイコサン
10	decane	デカン	22	docosane	ドコサン
11	undecane	ウンデカン	30	triacontane	トリアコンタン
12	dodecane	ドデカン	40	tetracontane	テトラコンタン

表 2.10　飽和直鎖炭化水素からできるアルキル基 $C_nH_{2n+1}-$ の名称

n	名　称		n	名　称	
1	methyl	メチル	6	hexyl	ヘキシル
2	ethyl	エチル	7	heptyl	ヘプチル
3	propyl	プロピル	8	octyl	オクチル
4	butyl	ブチル	9	nonyl	ノニル
5	pentyl	ペンチル	10	decyl	デシル

るように選ぶ. 2 個以上の側鎖があるときは, 2 通りの位置番号のつけ方のうち, 同じでない最初の数が小さくなるような方向を選ぶ. これらの選び方により, **最小の位置番号**を与えるようにする.

例：

$$\overset{6}{CH_3}-\overset{5}{CH}-\overset{4}{CH_2}-\overset{3}{CH}-\overset{2}{CH}-\overset{1}{CH_3}$$

（CH₃ は 5 位置、CH₃ CH₃ は 3,2 位置）

2,3,5-trimethylhexane
2,3,5-トリメチルヘキサン
（2,4,5-ではない）

2 種以上の側鎖があるときは, 置換基名（倍数接頭語は除く）のアルファベット順に並べ, その前に番号をつけて以下のように命名する.

置換基 1 の位置番号-置換基 1 の名称-置換基 2 の位置番号-置換基 2 の名称……
＋主鎖名

日本語名では, 英語のアルファベット順をそのまま字訳する.

例：

$$\overset{7}{CH_3}-\overset{6}{CH_2}-\overset{5}{CH_2}-\overset{4}{CH}-\overset{3}{CH}-\overset{2}{CH_2}-\overset{1}{CH_3}$$

CH₃CH₂　CH₃

4-ethyl-3-methylheptane
4-エチル-3-メチルヘプタン

同じ長さの直鎖が複数あるときは，① 最大数の側鎖をもつ，② 側鎖の位置番号の組合せがより小さい，③ 側鎖の名称が表示される順，すなわちアルファベット順での位置番号がより小さい，の順で選ぶ．

例：
$$\overset{7}{CH_3}-\overset{6}{CH}-\overset{5}{CH_2}-\overset{4}{CH}-\overset{3}{CH}-\overset{2}{CH}-\overset{1}{CH_3}$$

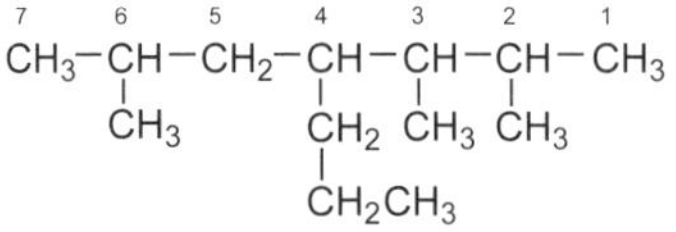

2,3,6-trimethyl-4-propylheptane
2,3,6-トリメチル-4-プロピルヘプタン

枝のある飽和鎖状炭化水素基

他の置換基に結合している炭素原子（遊離原子価という）が末端にあり，かつ枝のある一価の基は，遊離原子価の位置番号を 1 として，最長鎖をもつ直鎖アルキル基の名称の前に，側鎖の位置番号と名称を接頭語としてつけて命名する．遊離原子価が位置番号 1 以外の位置にあるときは，最長鎖をもつ直鎖アルキル基の母体となる炭化水素名の末尾 e を yl に換え，遊離原子価の位置番号を接尾語の直前につけて命名する．側鎖があるときは，その名称を接頭語としてつける．遊離原子価の位置番号は，鎖の番号づけに従い，番号の組合せとして最小になるようにつける．枝のある飽和鎖状炭化水素基の構造と優先接頭語の名称を以下に示す．

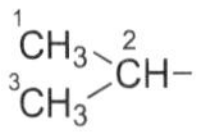

propan-2-yl
プロパン-2-イル
isopropyl（GIN）
イソプロピル

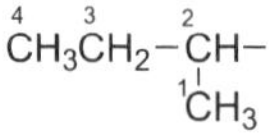

butan-2-yl
ブタン-2-イル

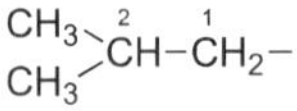

2-methylpropyl
2-メチルプロピル

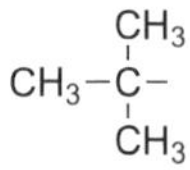

tert-butyl
tert-ブチル

炭化水素基が 2 種以上あるときは，置換基名（倍数接頭語は除く）のアルファベット順に並べる．このとき，枝分かれの異性を表すイタリック記号 *tert*-は無視して並べる．

[例題 2.1]　次の化合物を PIN で命名せよ．

(a)

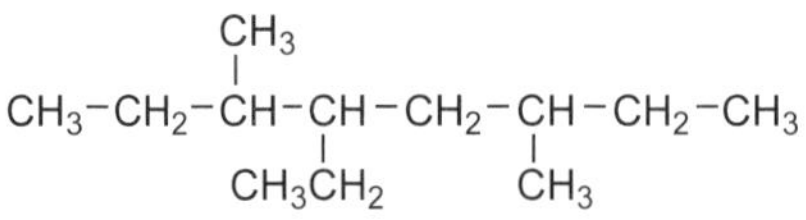

(b)

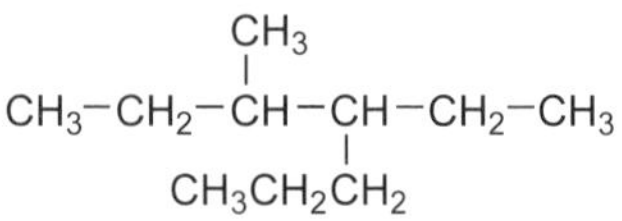

[解答・解説]

（a）4-ethyl-3,6-dimethyloctane　4-エチル-3,6-ジメチルオクタン

$$\underset{1}{CH_3}-\underset{2}{CH_2}-\underset{3}{\overset{\underset{\displaystyle CH_3}{|}}{CH}}-\underset{4}{\overset{\underset{\displaystyle CH_3CH_2}{|}}{CH}}-\underset{5}{CH_2}-\underset{6}{\overset{\underset{\displaystyle CH_3}{|}}{CH}}-\underset{7}{CH_2}-\underset{8}{CH_3}$$

正

$$\underset{8}{CH_3}-\underset{7}{CH_2}-\underset{6}{\overset{\underset{\displaystyle CH_3}{|}}{CH}}-\underset{5}{\overset{\underset{\displaystyle CH_3CH_2}{|}}{CH}}-\underset{4}{CH_2}-\underset{3}{\overset{\underset{\displaystyle CH_3}{|}}{CH}}-\underset{2}{CH_2}-\underset{1}{CH_3}$$

誤

※ 枝分かれの位置番号が小さくなるようにする．

（b）4-ethyl-3-methylheptane　4-エチル-3-メチルヘプタン

$$\underset{1}{CH_3}-\underset{2}{CH_2}-\underset{3}{\overset{\underset{\displaystyle CH_3}{|}}{CH}}-\underset{4}{\overset{\underset{\underset{\displaystyle CH_3CH_2CH_2}{7\ 6\ 5}}{|}}{CH}}-CH_2-CH_3$$

正

$$\underset{1}{CH_3}-\underset{2}{CH_2}-\underset{3}{\overset{\underset{\underset{\displaystyle CH_3CH_2CH_2}{}}{|}}{CH}}-\underset{4}{CH}-\underset{5}{CH_2}-\underset{6}{CH_3}$$
（CH_3 上）

$$\underset{7}{CH_3}-\underset{6}{CH_2}-\underset{5}{\overset{\underset{\underset{\displaystyle CH_3CH_2CH_2}{1\ 2}}{|}}{CH}}-\underset{4}{CH}-CH_2-CH_3$$
（CH_3 上）

誤

※ 主鎖はもっとも長い直鎖になるように選び，枝分かれの位置番号が小さくなるようにする．

シクロアルカン（cycloalkane）C_nH_{2n}

　側鎖のない飽和単環炭化水素の名称は，同数の炭素原子をもつ直鎖炭化水素名に接頭語 cyclo をつけてつくる．

　例：

cyclopropane
シクロプロパン

cyclohexane
シクロヘキサン

　枝のある飽和単環炭化水素の名称は，飽和鎖状炭化水素と同じように側鎖の位置が最小の番号になるように位置番号をつけ，側鎖の置換基名とその数を接頭語として加える．2種以上の側鎖があるときは，置換基名（倍数接頭語は除く）のアルファベット順に並べ，その前に番号をつけて命名する．日本語名では，英語のアルファベット順をそのまま字訳する．側鎖の位置番号のつけ方が複数あるときは，側鎖の名称が表示される順での位置番号がより小さいほうを選ぶ．

例：

methylcyclobutane
メチルシクロブタン
（位置番号は自明
なので必要ない）

1,1-dimethylcyclobutane
1,1-ジメチルシクロブタン

1-ethyl-2-methylcyclobutane
1-エチル-2-メチルシクロブタン

飽和単環炭化水素基

飽和鎖状炭化水素に準じ，遊離原子価の位置番号を 1 として，炭化水素名の接尾語 ane を yl に換え，側鎖の位置が最小の番号になるように位置番号をつけて命名する．

例：

cyclohexyl
シクロヘキシル

2-methylcyclopentyl
2-メチルシクロペンチル

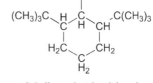

2,6-di-*tert*-butylcyclohexyl
2,6-ジ-*tert*-ブチルシクロヘキシル

[例題 2.2] 次の化合物を PIN で命名せよ．

(a)　　　(b)

[解答・解説]

(a) 1,2-dimethylcyclopentane　1,2-ジメチルシクロペンタン

(b) 1-methyl-3-(propan-2-yl)cyclohexane
　　1-メチル-3-(プロパン-2-イル)シクロヘキサン
※ 位置番号を含む炭化水素基名には括弧をつける．

b. 不飽和炭化水素

アルケン（alkene）C_nH_{2n}

二重結合をもつ直鎖炭化水素は，相当する飽和炭化水素名の接尾語 ane を ene に換えて命名する．二重結合が始まる炭素原子の位置番号が最小の番号で表されるように選び，接尾語 ene の前に位置番号を記す（表 2.11）．二重結合が複数あるときは，必要に応じて倍数接頭語 di, tri などを ene の前に置く．語尾 ene の前に倍数接頭語を置いた場合は，発音上の理由で a を挿入する．例えば but-1-ene

表2.11　直鎖アルケン C_nH_{2n} の名称

構造式	名称	
$CH_2=CH_2$	ethene	エテン
$CH_2=CH-CH_3$	propene	プロペン
$CH_2=CH-CH_2CH_3$	but-1-ene	ブタ-1-エン
$CH_3-CH=CH-CH_3$	but-2-ene	ブタ-2-エン
$CH_2=CH-CH_2CH_2CH_3$	pent-1-ene	ペンタ-1-エン
$CH_3-CH=CH-CH_2CH_3$	pent-2-ene	ペンタ-2-エン
$CH_2=CH-CH_2CH_2CH_2CH_3$	hex-1-ene	ヘキサ-1-エン
$CH_3-CH=CH-CH_2CH_2CH_3$	hex-2-ene	ヘキサ-2-エン
$CH_3CH_2-CH=CH-CH_2CH_3$	hex-3-ene	ヘキサ-3-エン

（ブタ-1-エン）にもう一つ二重結合が加わると, buta-1,3-diene（ブタ-1,3-ジエン）となる. また, ene の前の倍数接頭語の末尾の a は省略しない（例えば tetraene（テトラエン）, hexaene（ヘキサエン）など）.

例：
$$\overset{1}{CH_2}=\overset{2}{CH}-\overset{3}{CH}=\overset{4}{CH_2}$$
buta-1,3-diene　ブタ-1,3-ジエン

$$\overset{1}{CH_2}=\overset{2}{CH}-\overset{3}{CH}=\overset{4}{CH}-\overset{5}{CH}=\overset{6}{CH}-\overset{7}{CH}=\overset{8}{CH_2}$$
octa-1,3,5,7-tetraene　オクタ-1,3,5,7-テトラエン

アルキン（alkyne） C_nH_{2n-2}

三重結合をもつ直鎖炭化水素は, 相当する飽和炭化水素名の接尾語 ane を yne に換えて命名する. 三重結合が始まる炭素原子の位置番号が最小の番号で表されるように選び, 接尾語 yne の前に位置番号を記す（表2.12）. 三重結合が複数あるときは, 必要に応じて倍数接頭語 di, tri などを yne の前に置く. 語尾 yne の前

表2.12　直鎖アルキン C_nH_{2n-2} の名称

構造式	名称	
$HC≡CH$	acetylene ethyne（GIN）	アセチレン（非置換体のみ） エチン
$HC≡C-CH_3$	prop-1-yne	プロパ-1-イン
$HC≡C-CH_2CH_3$	but-1-yne	ブタ-1-イン
$CH_3-C≡C-CH_3$	but-2-yne	ブタ-2-イン
$HC≡C-CH_2CH_2CH_3$	pent-1-yne	ペンタ-1-イン
$CH_3-C≡C-CH_2CH_3$	pent-2-yne	ペンタ-2-イン
$HC≡C-CH_2CH_2CH_2CH_3$	hex-1-yne	ヘキサ-1-イン
$CH_3-C≡C-CH_2CH_2CH_3$	hex-2-yne	ヘキサ-2-イン
$CH_3CH_2-C≡C-CH_2CH_3$	hex-3-yne	ヘキサ-3-イン

に倍数接頭語を置いた場合は，発音上の理由でaを挿入する．例えばbut-1-yne（ブタ-1-イン）にもう一つ三重結合が加わると，buta-1,3-diyne（ブタ-1,3-ジイン）となる．また，yne の前の倍数接頭語の末尾のa は省略しない（例えばtetrayne（テトライン），hexayne（ヘキサイン）など）．なお，慣用名のacetylene（アセチレン）は2.1.6 項で示したように，非置換体のみがPIN としての使用が認められている．

例：　　$\overset{1}{HC}\equiv\overset{2}{C}—\overset{3}{C}\equiv\overset{4}{CH}$　　　　$\overset{1}{CH_3}-\overset{2}{C}\equiv\overset{3}{C}-\overset{4}{CH_2}-\overset{5}{CH_2}-\overset{6}{CH_2}-\overset{7}{C}\equiv\overset{8}{C}-\overset{9}{CH_3}$

　　buta-1,3-diyne　ブタ-1,3-ジイン　　　　　nona-2,7-diyne　ノナ-2,7-ジイン

二重結合と三重結合をもつ直鎖不飽和炭化水素

　二重結合と三重結合をもつ直鎖炭化水素は，enyne（エンイン），endiyne（エンジイン）などの接尾語で命名し，ene を常に yne より前に置く．多重結合を一つの組としてできる限り小さい位置番号を割り当てるため，語尾 yne が語尾 ene より小さい位置番号になることもある．選択の余地がある場合は，二重結合に小さい位置番号を与える．

例：　　$\overset{1}{HC}\equiv\overset{2}{C}-\overset{3}{CH}=\overset{4}{CH}\overset{5}{CH_3}$　　　$\overset{1}{H_2C}=\overset{2}{CH}\overset{3}{CH}=\overset{4}{CH}-\overset{5}{C}\equiv\overset{6}{CH}$

　　　　pent-3-en-1-yne　　　　　　hexa-1,3-dien-5-yne
　　　ペンタ-3-エン-1-イン　　　　　ヘキサ-1,3-ジエン-5-イン

枝のある不飽和鎖状炭化水素

　枝のある不飽和鎖状炭化水素は，分子内でもっとも長く，最多数の不飽和結合を含む直鎖の部分を主鎖として，枝のない炭化水素の誘導体として命名する．最多数の不飽和結合をもつ鎖が複数あるときは，① 最多数の二重結合をもつ鎖，② 不飽和結合が始まる位置番号がより小さい鎖，の順で選ぶ．

例：
$$\overset{\underset{5}{CH_2}\overset{6}{CH_2}\overset{7}{CH_3}}{\underset{\underset{CH_2CH_3}{|}}{H_2C=CH-\overset{4}{C}=\overset{3}{C}-\overset{2}{C}\equiv\overset{1}{CH}}}$$

4-ethenyl-3-ethylhept-3-en-1-yne
4-エテニル-3-エチルヘプタ-3-エン-1-イン

不飽和鎖状炭化水素基

　遊離原子価の位置番号が小さくなるようにして，最長鎖をもつ不飽和鎖状炭化水素基の母体となる炭化水素名の末尾 e を yl に換え，遊離原子価の位置番号を接尾語の直前につけて命名する．炭素数3 以上のときは，遊離原子価の位置番号が1 でも省略することはできない（表2.13）．

表 2.13　不飽和鎖状炭化水素基の名称

構造式	名　称	
$CH_2=CH-$	ethenyl	エテニル
	vinyl（GIN）	ビニル
$HC\equiv C-$	ethynyl	エチニル
$CH_3-CH=CH-$	prop-1-en-1-yl	プロパ-1-エン-1-イル
$CH_2=CH-CH_2-$	prop-2-en-1-yl	プロパ-2-エン-1-イル
	allyl（GIN）	アリル
$CH_2=C-CH_3$	prop-1-en-2-yl	プロパ-1-エン-2-イル
	isopropeny（GIN）	イソプロペニル
$CH_3-C\equiv C-$	prop-1-yn-1-yl	プロパ-1-イン-1-イル
$HC\equiv C-CH_2-$	prop-2-yn-1-yl	プロパ-2-イン-1-イル

[例題 2.3]　次の化合物を PIN で命名せよ.

(a) $CH_3-CH-CH_2-CH-CH=CH_2$
　　CH_3-CH_2　　　CH_3

(b) 　　　　　CH_3
　　$HC\equiv C-C=C-CH=CH_2$
　　　　　　　$CH_2CH_2CH_3$

[解答・解説]

(a) 3,5-dimethylhept-1-ene
　　3,5-ジメチルヘプタ-1-エン

$CH_3-CH-CH_2-CH-CH=CH_2$ (5 4 3 2 1)
CH_3-CH_2 (7 6)　CH_3

※ もっとも長い鎖を主鎖として選び, 二重結合の位置番号が最小になるようにする.

(b) 4-ethenyl-3-methylhept-3-en-1-yne
　　4-エテニル-3-メチルヘプタ-3-エン-1-イン

CH_3
$HC\equiv C-C=C-CH=CH_2$ (1 2 3 4)
$CH_2CH_2CH_3$ (5 6 7)

※ 分子内でもっとも長く, 最多数の不飽和結合を含む直鎖の部分を主鎖として選び, 不飽和結合の位置番号が最小になるようにする.

不飽和単環炭化水素

　不飽和単環炭化水素の名称は, シクロアルカンの名称の接尾語 ane を ene, yne などに換えて命名する. 不飽和結合の一つが位置番号 1 となり, 多重結合が 1 個のときは, 位置番号は省略する.

例：

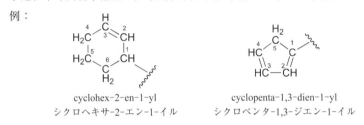

cyclohexene シクロヘキセン　cyclohexa-1,3-diene シクロヘキサ-1,3-ジエン　cyclodec-1-en-4-yne シクロデカ-1-エン-4-イン

不飽和単環炭化水素基

不飽和単環炭化水素基は，不飽和鎖状炭化水素基に準じで命名する．

例：

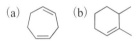

cyclohex-2-en-1-yl シクロヘキサ-2-エン-1-イル　　cyclopenta-1,3-dien-1-yl シクロペンタ-1,3-ジエン-1-イル

[例題2.4]　次の化合物を命名せよ．

(a) 　　(b)

[解答・解説]

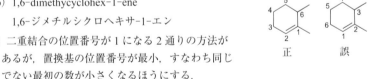

(a) cyclohepta-1,4-diene　シクロヘプタ-1,4-ジエン

※ 二重結合の位置番号が最小になるようにする．

(b) 1,6-dimethycyclohex-1-ene

1,6-ジメチルシクロヘキサ-1-エン

※ 二重結合の位置番号が1になる2通りの方法が
あるが，置換基の位置番号が最小，すなわち同じ
でない最初の数が小さくなるほうにする．

正　　　誤

c. 炭化水素からの多価基名

yl で終わる名称の一価の炭化水素基の遊離原子価をもつ炭素原子から，さら
に水素原子を1個または2個除いて誘導される二価または三価の基で，母体化
合物などにそれぞれ二重結合と三重結合で結合する場合は，相当する一価の基の
名称に idene または idyne をつけて命名する．必要に応じて遊離原子価の位置番
号を鎖の番号づけに従ってつける．

炭化水素から複数の水素原子を除いた多価の基で，母体化合物などに単結合で
結合する場合は，遊離原子価の位置番号を鎖の番号づけに従ってつけ，価数に応

表 2.14　多価の炭化水素基の名称

構造式	名 称	
$CH_2=$	methylidene	メチリデン
$CH\equiv$	methylidyne	メチリジン
$-CH_2-$	methylene	メチレン
$-CH<$	methanetriyl	メタントリイル
$CH_3CH=$	ethylidene	エチリデン
$CH_3C\equiv$	ethylidyne	エチリジン
$CH_3CH_2<$	ethane-1,1-diyl	エタン-1,1-ジイル
$-CH_2CH_2-$	ethane-1,2-diyl ethylene (GIN)	エタン-1,2-ジイル エチレン
$-CH=CH-$	ethene-1,2-diyl	エテン-1,2-ジイル
$CH_3CH_2CH=$	propylidene	プロピリデン
$(CH_3)_2CH=$	propan-2-ylidene	プロパン-2-イリデン
$\overset{1}{-}CH=\overset{2}{C}H-\overset{3}{C}H_2-$	prop-1-ene-1,3-diyl	プロパ-1-エン-1,3-ジイル
⬡=	cyclohexylidene	シクロヘキシリデン
⬡	cyclohexane-1,3-diyl	シクロヘキサン-1,3-ジイル

じた接尾語 diyl, triyl などを炭化水素名につけて命名する（表 2.14）．これらの置換基は，2.1.4 項の倍数命名法で倍数置換基として使われることがある．従来使用されてきた methylene（メチレン）は優先接頭語で PIN に，ethylene（エチレン）は GIN に使用でき，どちらも置換が可能である．例えば，methylene（メチレン）$-CH_2-$ の水素を塩素に置換した chloromethylene（クロロメチレン）$-$ CHCl $-$ を優先接頭語で使用できる．

2.2.2　芳香族炭化水素

a. 芳香族単環炭化水素
ベンゼンとその誘導体
　芳香族単環炭化水素 C_6H_6 は benzene（ベンゼン）である．ベンゼン置換体の慣用名のうち，PIN や GIN として使用できるもの（一部）を表 2.15 に示す．
　側鎖の位置番号は，脂肪族炭化水素と同様に与え，側鎖の位置番号と名称を接頭語としてつけて命名する．二置換ベンゼンの 1,2-, 1,3-, 1,4-の位置関係を示

表 2.15 ベンゼンとその誘導体の名称

構造式	名　称	
	PIN	**GIN**
CH₃（構造式）	toluene　トルエン （非置換体のみ，GIN で一部の 置換基が環と側鎖の両方で可能）	methylbenzene メチルベンゼン
CH₃ CH₃（構造式）	1,2-xylene　1,2-キシレン （非置換体のみ）	1,2-dimethylbenzene 1,2-ジメチルベンゼン
CH₃ CH₃（構造式）	1,3-xylene　1,3-キシレン （非置換体のみ）	1,3-dimethylbenzene 1,3-ジメチルベンゼン
CH₃ CH₃（構造式）	1,4-xylene　1,4-キシレン （非置換体のみ）	1,4-dimethylbenzene 1,4-ジメチルベンゼン
CH₃ CH₃ CH₃（構造式）	1,3,5-trimethylbenzene 1,3,5-トリメチルベンゼン	mesitylene　メシチレン （非置換体のみ）
CH=CH₂（構造式）	ethenylbenzene エテニルベンゼン	styrene　スチレン （環での置換のみ）

す接頭語として，*ortho*（オルト），*meta*（メタ），*para*（パラ）（*o-*，*m-*，*p-*）が使用されてきたが，**2013 勧告では基本的に廃止となり，極力使用を控えることが推奨されている．**

　そのほかの置換された単環炭化水素は，これらの炭化水素の誘導体として命名する．しかし，上記のベンゼン置換体にさらに導入された置換基が，その化合物にもとからあるものと同一の場合は，ベンゼンの誘導体として命名する．例えばベンゼンに三つのメチル基が置換されている場合は，dimethyltoluene（ジメチルトルエン）や methylxylene（メチルキシレン）ではなく，trimethylbenzene（トリメチルベンゼン）の前に 1,2,4-などの位置番号をつけて命名する．

　慣用名が PIN であるトルエンとキシレンの名称は，置換基が導入されると PIN として使用できず，非置換体のときのみ使用が認められる．表 2.4 の強制接頭語で表される置換基が導入された場合は，GIN として使用が認められる．PIN はベンゼンの誘導体として命名する．以下にトルエンの置換体の例を示す．

例：

1-chloro-2-methylbenzene
1-クロロ-2-メチルベンゼン
2-chlorotoluene（GIN）
2-クロロトルエン

（bromomethyl）benzene
（ブロモメチル）ベンゼン
α-bromotoluene（GIN）
α-ブロモトルエン

ベンゼンとその誘導体の基名

ベンゼンの一価基と二価基の名称は以下のとおりである．このほかの一価基は置換されたフェニル基として命名する．

例：

| phenyl | 1,2-phenylene | 1,3-phenylene | 1,4-phenylene |
| フェニル | 1,2-フェニレン | 1,3-フェニレン | 1,4-フェニレン |

遊離原子価が側鎖にある一価基 $C_6H_5-CH_2-$ の優先接頭語は benzyl（ベンジル）である．ただし，置換体は認められず，表 2.4 の強制接頭語など一部の置換基が置換されると PIN では使用できず GIN での使用が認められている．

このほかは，フェニルあるいは置換フェニルを脂肪族炭化水素基名につけて命名する．

例：

3-phenylpropyl
3-フェニルプロピル

1-phenylbutan-2-yl
1-フェニルブタン-2-イル

b. 縮合多環芳香族炭化水素

縮合多環芳香族炭化水素

命名法において，縮合とは二つの環がそれぞれ一つの結合とその結合に直接ついている二つの原子を共有して，共通の結合をつくる操作を指す．もっとも単純な縮合多環芳香族は naphthalene（ナフタレン）であり，二つのベンゼン環が一つの結合を共有している．以下に名称を示す．数字とアルファベットは，縮合環系で決められた位置番号であり，置換基や遊離原子価の位置によって変化しない．

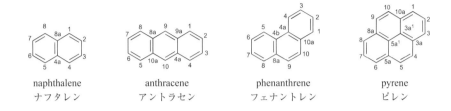

naphthalene	anthracene	phenanthrene	pyrene
ナフタレン	アントラセン	フェナントレン	ピレン

枝のある縮合多環芳香族炭化水素

側鎖の位置番号がなるべく小さくなるようにして，側鎖の位置番号と名称を接頭語としてつけて命名する．

例：

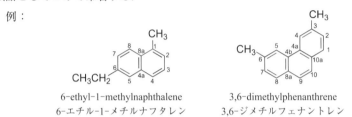

6-ethyl-1-methylnaphthalene	3,6-dimethylphenanthrene
6-エチル-1-メチルナフタレン	3,6-ジメチルフェナントレン

縮合多環芳香族炭化水素基名

一価の基は，結合位置が小さくなるようにして，母体炭化水素名の末尾 e を yl に換え，遊離原子価の位置番号を接尾語の直前につけて命名する．

例：

naphthalen-1-yl	anthracen-1-yl	phenanthren-1-yl
ナフタレン-1-イル	アントラセン-1-イル	フェナントレン-1-イル
（2-異性体も同様）	（2-, 9-異性体も同様）	（2-, 3-, 4-, 9-異性体も同様）

2.2.3　炭化水素環集合

ここでは，単環または縮合環の炭素が単結合で直接結合している環集合の命名法を示す．

枝分かれのない環集合において，繰り返し現れる同一単位の数を表すために，倍数接頭語の bi（ビ），ter（テル），quarter（クアテル）などを使用する．例えば，2 個の同じ環が結合しているときは，相当する炭化水素名の前に接頭語 bi をつけ，一方の環の番号にプライム ′ をつける．ただし，2 個のベンゼン環から

なる環集合は biphenyl（ビフェニル）として，bibenzene（ビベンゼン）とはしない．単環のときは，結合位置を 1 とする．炭化水素名に接頭語がついているときは，その名称を括弧に入れる．縮合環の環集合は，結合位置になるべく小さい位置番号を与え，結合位置の位置番号が大きいほうの環にプライムをつける．

例：

1,1′-bi(cyclopropane)　　　　1,1′-biphenyl　　　　1,2′-binaphthalene
1,1′-ビ(シクロプロパン)　　　1,1′-ビフェニル　　　1,2′-ビナフタレン

2 個の異なる環からなる環集合は，上位の環系（2.1.5 項の命名の手順(2)を参照）を母体炭化水素として，もう一方の環系を炭化水素基として命名する．

例：

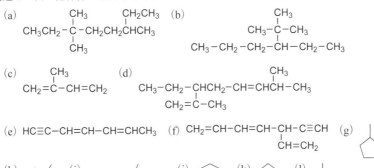

2-phenylnaphthalene　　　　cyclohexylbenzene
2-フェニルナフタレン　　　シクロヘキシルベンゼン

演習問題

問題1　分子式 C_6H_{14} のすべてのアルカンの構造式と PIN をかけ．
問題2　分子式 C_5H_{10} のすべてのシクロアルカンの構造式と PIN をかけ．
問題3　次の化合物の PIN をかけ．

(a)　　　　　　　　　　　　　　　　(b)
$$CH_3CH_2-\overset{\overset{\displaystyle CH_3}{|}}{\underset{\underset{\displaystyle CH_3}{|}}{C}}-CH_2CH_2\overset{\overset{\displaystyle CH_2CH_3}{|}}{CH}CH_3$$

$$CH_3-\overset{\overset{\displaystyle CH_3}{|}}{\underset{\underset{\displaystyle CH_2-CH_2-CH-CH_2-CH_3}{}}{C}}-CH_3$$

(c)　　　　　　　　　　　　　　(d)
$$CH_2=\overset{\overset{\displaystyle CH_3}{|}}{C}-CH=CH_2$$

$$CH_3-CH_2-\overset{}{CH}CH_2-CH=CHCH-CH_3$$
$$\underset{\underset{\displaystyle CH_2=\overset{\overset{\displaystyle CH_3}{|}}{C}-CH_3}{}}{}$$

(e)　$HC≡C-CH=CH-CH=CHCH_3$　　(f)　$CH_2=CH-CH=CH-\overset{}{CH}-C≡CH$　　(g)
$$\underset{\underset{\displaystyle CH=CH_2}{}}{}$$

(h)　　(i)　　　　　　　　(j)　　(k)　　(l)

問題 4   次の名称の化合物の構造式をかけ.

(a) 2-methylbutane   2-メチルブタン

(b) 2,2-dimethylpentane   2,2-ジメチルペンタン

(c) 3-ethyl-2-methylhexane   3-エチル-2-メチルヘキサン

(d) 4-(*tert*-butyl)heptane   4-(*tert*-ブチル)ヘプタン

(e) 2,2-dimethyl-5-propyloctane   2,2-ジメチル-5-プロピルオクタン

(f) 2,4-dimethylhex-2-ene   2,4-ジメチルヘキサ-2-エン

(g) 5-ethyloct-2-yne   5-エチルオクタ-2-イン

(h) 1,3-dimethylcyclobutane   1,3-ジメチルシクロブタン

(i) (butan-2-yl)cyclohexane   (ブタン-2-イル)シクロヘキサン

(j) 1,4-diethylcyclohept-1-ene   1,4-ジエチルシクロヘプタ-1-エン

(k) 5-ethyl-2-methylcycloocta-1,3-diene 5-エチル-2-メチルシクロオクタ-1,3-ジエン

問題 5   次の化合物の PIN は間違いである. 正しい名称を示せ.

(a)   (b)

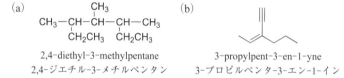

2,4-diethyl-3-methylpentane   3-propylpent-3-en-1-yne
2,4-ジエチル-3-メチルペンタン   3-プロピルペンタ-3-エン-1-イン

2.3   ハロゲン化合物

置換命名法によりハロゲンを常に接頭語として命名し,これが PIN となる.
このとき, 表 2.4 の bromo (ブロモ), chloro (クロロ), fluoro (フルオロ),
iodo (ヨード) の接頭語と, 該当する倍数接頭語を用いる.

官能種類命名法により命名するときは, 英語では母体化合物の基名に続いて表
2.7 の fluoride, chloride, bromide, iodide の官能種類名を別の単語として記し,
必要であれば該当する倍数接頭語を前に置くことで名称を作成する. 日本語で
は, 表 2.7 のフッ化, 塩化, 臭化, ヨウ化の官能種類名を, 母体化合物の基名の
前につけ, 1 語で記す. 必要であれば該当する倍数接頭語 (漢数字二, 三, ……と
する) を官能種類名の前に置く. あるいは, 英語名と同じように, 母体化合物の
基名のあとに官能種類名フルオリド, クロリド, ブロミド, ヨージドを置いても
よい. 官能種類名は GIN としての使用が認められているが, 通常, 一種類のハ
ロゲンをもつ単純な構造を示すのに使う.

このほか, GIN として認められる慣用名もある. ハロゲン化合物の名称の例

表 2.16　ハロゲン化合物の名称

式	名　称	
	PIN	**GIN**
CH₃I	iodomethane ヨードメタン	methyl iodide ヨウ化メチル または メチルヨージド
C₂H₅Cl	chloroethane クロロエタン	ethyl chloride 塩化エチル または エチルクロリド
C₆H₅-CH₂-Br	(bromomethyl)benzene （ブロモメチル）ベンゼン	benzyl bromide 臭化ベンジル または ベンジルブロミド α-bromotoluene α-ブロモトルエン
$\overset{1}{\text{CH}_3}$ CH₃-$\overset{2}{\text{C}}$-Cl $\overset{3}{\text{CH}_3}$	2-chloro-2-methylpropane 2-クロロ-2-メチルプロパン	*tert*-butyl chloride 塩化 *tert*-ブチル または *tert*-ブチルクロリド
CH₂Cl₂	dichloromethane ジクロロメタン	methylene dichloride 二塩化メチレン または メチレンジクロリド
CHCl₃	trichloromethane トリクロロメタン	chloroform クロロホルム

を表 2.16 に示す.

[例題 2.5]　次のハロゲン化合物を置換命名法（PIN）と官能種類命名法（GIN）で命名せよ.

(a) CH₃CH₂Br　(b) CH₃CH₂CH₂Cl　(c)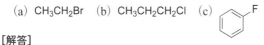

[解答]

(a) 置換命名法（PIN）：bromoethane　ブロモエタン
　　官能種類命名法（GIN）：ethyl bromide　臭化エチル

(b) 置換命名法（PIN）：1-chloropropane　1-クロロプロパン
　　官能種類命名法（GIN）：propyl chloride　塩化プロピル

(c) 置換命名法（PIN）：fluorobenzene　フルオロベンゼン
　　官能種類命名法（GIN）：phenyl fluoride　フッ化フェニル

[例題 2.6] 次のハロゲン化合物を PIN で命名せよ.

(a) CH_2F_2 (b) CHI_3 (c) CH_2Br-CH_2F (d) (e)

(f) (g)

[解答・解説]

(a) difluoromethane　ジフルオロメタン　(b) triiodomethane　トリヨードメタン　※ iodoform　ヨードホルムは GIN　(c) 1-bromo-2-fluoroethane　1-ブロモ-2-フルオロエタン　(d) 1,1-dichloropropane　1,1-ジクロロプロパン　(e) 3-chloro-2-fluoroprop-1-ene　3-クロロ-2-フルオロプロパ-1-エン　※ 二重結合の位置番号が小さくなるようにする.　(f) 1-ethyl-2-iodocyclopentane　1-エチル-2-ヨードシクロペンタン　※ 接頭語になる置換基をアルファベット順に並べ, 位置番号が最小になるようにする.　(g) 3,4-dibromocyclobut-1-ene　3,4-ジブロモシクロブタ-1-エン

演習問題

問題 1 分子式 C_4H_9Cl のすべてのハロゲン化合物の構造式と PIN をかけ.

問題 2 分子式 $C_3H_6Br_2$ のすべてのハロゲン化合物の構造式と PIN をかけ.

問題 3 分子式 C_3H_6FI のすべてのハロゲン化合物の構造式と PIN をかけ.

問題 4 次の化合物の PIN をかけ.

(a) (b) (c) (d) (e)

問題 5 次の名称の化合物の構造式をかけ.

(a) chlorofluoromethane　クロロフルオロメタン

(b) 1,1-dibromocyclohexane　1,1-ジブロモシクロヘキサン

(c) (2-chloroethyl)benzene　(2-クロロエチル)ベンゼン

(d) 2-bromonaphthalene　2-ブロモナフタレン

(e) 1,1-diiodoprop-1-ene　1,1-ジヨードプロパ-1-エン

(f) 1-bromo-3-methylbut-1-yne　1-ブロモ-3-メチルブタ-1-イン

2.4　アルコール, フェノール, エーテル

2.4.1　アルコール, フェノール

アルコールは脂肪族炭化水素の水素原子をヒドロキシ基 –OH に置換した化合

物で，フェノールは芳香族炭化水素のベンゼン環にヒドロキシ基が直接結合した
化合物である．置換命名法により表 2.3 の接尾語 ol（オール）あるいは接頭語
hydroxy（ヒドロキシ）と，該当する倍数接頭語を用いる．倍数接頭語の末尾の
文字 a は接尾語 ol の前では省略する．例えば tetrol（日本語名はテトラオール）
となり tetraol ではない．主鎖の番号づけに選択の余地がある場合は，接尾語 ol
（オール）の位置番号がもっとも小さくなるように選ぶ．**置換命名法の名称が
PIN であるが**，C_6H_5OH の慣用名 phenol（フェノール）は例外的に PIN であり，
どの構造のどの位置にも置換が認められ，GIN としても使用できる．

　アルコール R–OH で，R 基を単純な脂肪族または飽和炭素環の基に限った官
能種類名は慣用名である．官能種類命名法では，英語では母体化合物の基名に続
いて表 2.7 の alcohol の官能種類名を別の単語として記して名称を作成する．日
本語では，表 2.7 のアルコールの官能種類名を母体化合物の基名のあとにつけ，
1 語で記す．

　このほか，GIN として認められる慣用名（非置換体のみ）もある．アルコー
ルとフェノールの名称の例を表 2.17 と表 2.18 にそれぞれ示す．

　複雑なアルコールとして，図 2.6 の構造式の化合物を置換命名法で命名してみ
よう．点線で囲んだ部分が母体化合物である．これは炭素数 5 で位置番号 2 に
二重結合をもつので，pent-2-ene（ペンタ-2-エン）と命名される．この母体化

表 2.17　アルコールの名称

式	名　称	
	PIN	**GIN**
CH_3–OH	methanol メタノール	methyl alcohol メチルアルコール
CH_3–C–OH（$^1CH_3$, ^{2}, $^3CH_3$）	2-methylpropan-2-ol 2-メチルプロパン-2-オール	*tert*-butyl alcohol *tert*-ブチルアルコール
HO–CH_2–CH_2–OH	ethane-1,2-diol エタン-1,2-ジオール	ethylene glycol エチレングリコール
HO–CH_2–CH–CH_2–OH（OH）	propane-1,2,3-triol プロパン-1,2,3-トリオール	glycerol グリセリン
cyclohexanol（OH環）	cyclohexanol シクロヘキサノール	–

表 2.18　フェノールの名称

式	名　称	
	PIN	**GIN**
⬡–OH	phenol フェノール	benzenol ベンゼノール
⬡–OH (1,2 Br)	2-bromophenol 2-ブロモフェノール (*o*-bromophenol　*o*-ブロモ フェノールではない)	–
⬡ (OH, OH)	benzene-1,2-diol ベンゼン-1,2-ジオール	pyrocatechol ピロカテコール
HO–⬡–OH (1,3)	benzene-1,3-diol ベンゼン-1,3-ジオール	resorcinol レソルシノール
HO–⬡–OH	benzene-1,4-diol ベンゼン-1,4-ジオール	hydroquinone ヒドロキノン
O₂N–⬡(OH)(NO₂)(NO₂)	2,4,6-trinitrophenol 2,4,6-トリニトロフェノール	picric acid ピクリン酸
⬡⬡–OH	naphthalen-1-ol ナフタレン-1-オール	1-naphthol 1-ナフトール

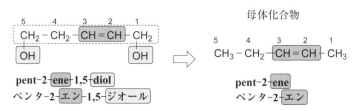

母体化合物

図 2.6　置換命名法によるアルコールの名称の例

合物の 1 と 5 の位置に –OH がそれぞれあり，2 個を示す倍数接頭語 di（ジ）を
–OH の接尾語 ol（オール）の前につけると，pent-2-ene-1,5-diol（ペンタ-2-エ
ン-1,5-ジオール）と命名される.

2.4.2　アルコール，フェノールの塩

　アルコールまたはフェノール R–O–H から H⁺ が失われてできる陰イオン
R–O⁻ と陽イオンの組合せで塩ができる. 陰イオン R–O⁻ の名称は，相当するア

表2.19　アルコールまたはフェノールの塩の名称

式	名　称	
	PIN	**GIN**
$CH_3-O^-Na^+$	sodium methoxide ナトリウムメトキシド	sodium methanolate ナトリウムメタノラート
$CH_3CH_2CH_2-O^-Na^+$	sodium propoxide ナトリウムプロポキシド	sodium propan-1-olate ナトリウムプロパン-1-オラート
$(CH_3)_2CH-O^-K^+$	potassium propan-2-olate カリウムプロパン-2-オラート	potassium isopropoxide カリウムイソプロポキシド
$C_6H_5-O^-Li^+$	lithium phenoxide リチウムフェノキシド	lithium phenolate リチウムフェノラート
![ベンゼン-1,2-ビス構造] O^-Na^+ O^-Na^+	disodium benzene-1,2-bis(olate) 二ナトリウムベンゼン-1,2- ビス(オラート)	–

ルコールまたはフェノール R-O-H の語尾 ol のあとに陰イオンを表す語尾 ate を付加してできる olate(オラート)にして命名する．複数を示すときは，曖昧さを避けるためにこの接尾語の前では倍数接頭語 bis, tris などを使う．単純な R-O⁻ については語尾 oxide(オキシド)がついた慣用名を PIN として使うことができる．アルコールやフェノールの名称の語尾 ol のあとに語尾 ate を付加してできる名称は GIN として使用できる．以下に代表的な R-O⁻ の PIN での名称を示す．

例：　CH_3-O^-　　　　　　　　methoxide　　メトキシド

　　　$CH_3CH_2-O^-$　　　　　　ethoxide　　　エトキシド

　　　$CH_3CH_2CH_2-O^-$　　　　propoxide　　プロポキシド

　　　$CH_3CH_2CH_2CH_2-O^-$　　butoxide　　　ブトキシド

　　　$CH_3CH_2CH_2CH_2CH_2-O^-$　pentanolate　ペンタノラート

　　　$C_6H_5-O^-$　　　　　　　phenoxide　　フェノキシド

　　　$(CH_3)_3C-O^-$　　　　　　*tert*-butoxide　*tert*-ブトキシド(非置換体のみ)

塩の名称は，無機化合物と同じように，英語名では陽イオンのあとに陰イオンを置き，それぞれのイオンを別語で示す．日本語名は英語名と同じ語順で1語で表す．アルコールまたはフェノールの塩の名称を表2.19に示す．

2.4.3　エーテル

エーテルは一般構造 R-O-R′ (R＝R′または R≠R′) をもつ．簡単なエーテル

では**置換命名法の名称が** PIN である.置換命名法では,母体炭化水素化物 R−H に R′O− を接頭語として置換することにより命名する.R≠R′の場合は,小さく不飽和結合がないほうが接頭語 R′O− で,大きく不飽和結合があるほうを母体炭化水素化物 R−H とする.R′O− の置換接頭語名は,接頭語 oxy(オキシ)を R′ の置換基名に加える.複数を示すときは bis,tris などの倍数接頭語を使う.ただし,単純な R′ については短縮された R′O− 置換基名である慣用名が PIN でも GIN でも使うことができる.これらの基はどの位置にも置換でき(*tert*-butoxy は例外),倍数接頭語をつける場合は di,tri などの単純な接頭語とする.以下に代表的な R′O− 置換基の名称を示す.

例: CH₃−O−　　　　　　　　　methoxy　　メトキシ

　　 CH₃CH₂−O−　　　　　　　ethoxy　　　エトキシ

　　 CH₃CH₂CH₂−O−　　　　　propoxy　　プロポキシ

　　 CH₃CH₂CH₂CH₂−O−　　　butoxy　　　ブトキシ

　　 CH₃CH₂CH₂CH₂CH₂−O−　pentyloxy　ペンチルオキシ

$$\overset{4}{CH_3}-\overset{3}{CH_2}-\overset{\overset{1}{CH_3}}{\underset{}{\overset{|}{\underset{2}{CH}}}}-O-$$
　　　　　　　　　　　　　　(butan-2-yl)oxy　（ブタン-2-イル）オキシ

　　 C₆H₅−O−　　　　　　　　phenoxy　　フェノキシ

　　 (CH₃)₃C−O−　　　　　　*tert*-butoxy　*tert*-ブトキシ（非置換体のみ）

官能種類命名法の名称は GIN として使用が認められている.C₆H₅−O−CH₃ の慣用名 anisole(アニソール)は PIN と GIN の両方で使用できる.ただし,PIN では置換体は認められず,methoxybenzene(メトキシベンゼン)の置換体として命名する.GIN では表 2.4 の強制接頭語のみが環と側鎖のメトキシ基 −O−CH₃ への置換が認められている.

　R と R′ が同一の環状構造であるときは,倍数命名法の名称が PIN で,置換命名法と官能種類命名法の名称は GIN となる.エーテルの名称の例を表 2.20 に示す.

[例題 2.7]　次の化合物を置換命名法(PIN)と官能種類命名法(GIN)で命名せよ.

(a) CH₃CH₂−OH　(b) CH₃CHCH₃　(c) ベンゼン環−CH₂−OH　(d)
　　　　　　　　　　　　　|
　　　　　　　　　　　　 OH

(d)
$$CH_3-O-\overset{\overset{CH_3}{|}}{\underset{\underset{CH_3}{|}}{CCH_3}}$$

表 2.20　エーテルの名称

式	名　称	
	PIN	**GIN**
CH_3-O-CH_3	methoxymethane メトキシメタン	dimethyl ether ジメチルエーテル
$CH_3CH_2-O-CH_3$	methoxyethane メトキシエタン	ethyl methyl ether エチルメチルエーテル
$C_6H_5-O-CH_3$	anisole アニソール	methoxybenzene メトキシベンゼン methyl phenyl ether メチルフェニルエーテル
Cl—◯—OCH	1-chloro-4-methoxybenzene 1-クロロ-4-メトキシベンゼン	4-chloroanisole 4-クロロアニソール
◯OCH₃ OCH₃	1,2-dimethoxybenzene 1,2-ジメトキシベンゼン	－
◯—O—◯	(cyclohexyloxy)benzene (シクロヘキシルオキシ)ベンゼン	cyclohexyl phenyl ether シクロヘキシルフェニルエーテル
◯—O—◯	1,1′-oxydibenzene 1,1′-オキシジベンゼン	phenoxybenzene フェノキシベンゼン diphenyl ether ジフェニルエーテル

[解答]

(a) 置換命名法（PIN）：ethanol　エタノール
　　官能種類命名法（GIN）：ethyl alcohol　エチルアルコール

(b) 置換命名法（PIN）：propan-2-ol　プロパン-2-オール
　　官能種類命名法（GIN）：isopropyl alcohol　イソプロピルアルコール

(c) 置換命名法（PIN）：phenylmethanol　フェニルメタノール
　　官能種類命名法（GIN）：benzyl alcohol　ベンジルアルコール

(d) 置換命名法（PIN）：2-methoxy-2-methylpropane　2-メトキシ-2-メチルプロパン
　　官能種類命名法（GIN）：*tert*-butyl methyl ether　*tert*-ブチルメチルエーテル

[例題 2.8]　次の化合物を PIN で命名せよ．

(a) $CH_3CH_2CH_2\underset{OH}{CH}CH_3$　(b) $CH_3\underset{CH_3}{CH}CH_2CH_2-OH$　(c) $CH_2=CHCH_2CH_2-OH$

(d)

$$CH_3CH(CH_3)$$ — cyclobutane-OH structure

CH₃—CH—OH (cyclobutane with CH(CH₃)CH₃ substituent)

(e) OH / CH₃CH—OH

(f) CH₃— (benzene) —OH

(g) naphthalene with OH and C₂H₅

(h) CH₃CH₂CH₂CH₂—O⁻ Li⁺

(i) (CH₃CH₂CH₂—O⁻)₂Mg²⁺

(j) CH₂CH₃ / CH₃CH₂CHCHCH₃ / OCH₃

(k) (benzene) —O—C₂H₅

［解答・解説］

(a) pentan-2-ol　ペンタン-2-オール　(b) 3-methylbutan-1-ol　3-メチルブタン-1-オール　(c) but-3-en-1-ol　ブタ-3-エン-1-オール　(d) 2-(propan-2-yl)cyclobutan-1-ol　2-(プロパン-2-イル)シクロブタン-1-オール　※ 母体化合物の位置番号と区別するために，位置番号をもつ置換基を丸括弧で囲む．　(e) ethane-1,1-diol　エタン-1,1-ジオール　(f) 3-methylphenol　3-メチルフェノール

(g) 4-ethylnaphthalen-2-ol
　　4-エチルナフタレン-2-オール
※ 接尾語になる主特性基の位置番号
　が最小になるようにする．

正 / 誤 naphthalene structures with OH, C₂H₅ and numbering 1,2,3,4

(h) lithium butoxide　リチウムブトキシド　(i) magnesium dipropoxide　マグネシウムジプロポキシド　(j) 3-ethyl-2-methoxypentane　3-エチル-2-メトキシペンタン　※ 接頭語になる置換基をアルファベット順に並べる．　(k) ethoxybenzene　エトキシベンゼン

演習問題

問題 1　示性式 C_4H_9OH のすべてのアルコールの構造式と PIN をかけ．

問題 2　示性式 $C_3H_6(OH)_2$ のすべてのアルコールの構造式と PIN をかけ．

問題 3　示性式 $C_6H_3(OH)_3$ のすべてのフェノールの構造式と PIN をかけ．

問題 4　示性式 $C_4H_9O^-Na^+$ のすべてのアルコールの塩の構造式と PIN をかけ．

問題 5　示性式 $C_5H_{12}O$ のすべてのエーテルの構造式と PIN をかけ．

問題 6　次の化合物の PIN をかけ．

(a) OH / CH₃CHCH₂CHCH₃ / CH₂CH₃

(b) CH₃CHCH₂CH₂—OH / OH

(c) CH₂=CH—CH₂—OH

(d) cyclohexene-OH

(e) CH₃C=CH—CH₂CH₂—C=CH—CH₂—OH / CH₃ / CH₃

(f) (benzene)—CH₂CH₂—OH

(g) CH₃⟨benzene⟩O⁻Na⁺   (h) K⁺O⁻–CH₂CH₂–O⁻K⁺   (j) ⟨phenyl⟩O⟨cycloheptyl⟩

(i) CH₃CH₂–O–CH=CH₂

(k) HO⟨benzene⟩O⟨benzene⟩OH

2.5 アルデヒド, ケトン

2.5.1 アルデヒド

炭素-酸素二重結合（＞C=O）をカルボニル基といい，このカルボニル基をもつ化合物をカルボニル化合物と総称する．アルデヒドはカルボニル基に少なくとも一つの水素原子が結合しており，一般構造 R-CHO をもつ．**置換命名法が PIN であり**，–CHO の炭素を母体化合物に含め，表 2.3 の接尾語 al（アール）あるいは接頭語 oxo（オキソ）と，該当する倍数接頭語を用いる．これは比較的単純な鎖状化合物に適用するが，2.1.2 項で述べたように R- が環状構造であったり，枝のある鎖状化合物の主鎖および側鎖に –CHO をもっていたりする場合には，–CHO の炭素を母体化合物に含めずに，表 2.3 の接尾語 carbaldehyde（カルボアルデヒド）あるいは接頭語 formyl（ホルミル）と，該当する倍数接頭語を用いる．

例：   CH₃–CH₂–CH₂–CH₂–CH   HC–CH₂–CH₂–CH₂–CH
‖   ‖   ‖
O   O   O

pentanal   ペンタナール   pentanedial   ペンタンジアール

慣用名で PIN として認められているのは, formaldehyde（ホルムアルデヒド），acetaldehyde（アセトアルデヒド），benzaldehyde（ベンズアルデヒド）などで，ホルムアルデヒドを除いて置換も認められている．このほかの慣用名で GIN として認められているものもある．これらの慣用名は，おもに相当するカルボン酸の慣用名の ic acid または oic acid を aldehyde に換えてつくる．これらの GIN の名称は置換は許されていない．アルデヒドの名称の例を表 2.21 に示す．

表 2.21 代表的なアルデヒドの名称

式	名 称	
	PIN	**GIN**
HCHO	formaldehyde ホルムアルデヒド	methanal メタナール
CH₃–CHO	acetaldehyde アセトアルデヒド	ethanal エタナール
CH₃–CH₂–CHO	propanal プロパナール	propionaldehyde プロピオンアルデヒド
OHC–CHO	oxalaldehyde オキサルアルデヒド	ethanedial エタンジアール
HC–CH₂–CH₂–CH ∥ ∥ O O	butanedial ブタンジアール	succinaldehyde スクシンアルデヒド
C₆H₅–CHO	benzaldehyde ベンズアルデヒド	benzenecarbaldehyde ベンゼンカルボアルデヒド
⟨CHO⟩CHO	benzene-1,2-dicarbaldehyde ベンゼン-1,2-ジカルボアルデヒド	phthalaldehyde フタルアルデヒド

[例題 2.9]　次のアルデヒドを PIN で命名せよ.

(a)　$CH_3CH_2-\overset{\text{O}}{\underset{}{C}}-H$　(b)　(c)　$CH_2=CH-\overset{\text{O}}{\underset{}{C}}-H$

(d)　$H-\overset{O}{\underset{}{C}}-CH_2-\underset{H-C=O}{CH}-CH_2-\overset{O}{\underset{}{C}}-H$　(e)　$H-\overset{O}{\underset{}{C}}-\underset{CH_2-\overset{O}{C}-H}{CH}-CH_2-CH_2-CH_3$

[解答・解説]

(a) propanal　プロパナール　(b) cyclohexanecarbaldehyde　シクロヘキサンカルボアルデヒド　(c) prop-2-enal　プロパ-2-エナール　※ 慣用名は acrolein　アクロレイン　(d) propane-1,2,3-tricarbaldehyde　プロパン-1,2,3-トリカルボアルデヒド　※ 直鎖化合物に –CHO が 3 個あるため "carbaldehyde" を用いる.　(e) 2-propyl-butanedial　2-プロピルブタンジアール　※ 接尾語となる主特性基の数が多いほうを優先する.

2.5.2 ケ ト ン

ケトンはカルボニル基に二つの炭化水素基が結合しており，一般構造 RR′C=O

（R＝R′または R≠R′）をもつ．**置換命名法の名称が PIN である**．＞C=O の炭素を母体化合物に含め，表 2.3 の接尾語 one（オン）あるいは接頭語 oxo（オキソ）と，該当する倍数接頭語を用いて命名する．倍数接頭語の末尾の文字 a は接尾語 one の前では省略する．例えば tetrone（日本語名はテトラオン）となり tetraone ではない．主鎖の番号づけに選択の余地がある場合は，接尾語 one（オン）の位置番号がもっとも小さくなるように選ぶ．

　官能種類命名法の名称は GIN として使用が認められている．カルボニル基に結合している置換基名を別語としてアルファベット順に並べ，表 2.7 の官能種類名 ketone（ケトン）の前に置く．

例：

CH₃-CH₂-C-CH₃
　　　‖
　　　O

butan-2-on
ブタン-2-オン
ethyl methyl ketone（GIN）
エチルメチルケトン

CH₃-CH-CH₂-CH₂-C-CH₃
　　|　　　　　　‖
　　CH₃　　　　　O

5-methylhexan-2-one
5-メチルヘキサン-2-オン
methyl 3-methylbutyl ketone（GIN）
メチル 3-メチルブチルケトン

cyclopentanone
シクロペンタノン

CH₃-C-C-CH₃
　　‖　‖
　　O　O

butane-2,3-dione
ブタン-2,3-ジオン

CH₂=CH-C-CH₃
　　　　　‖
　　　　　O

but-3-en-2-one
ブタ-3-エン-2-オン

　慣用名で GIN として認められ，置換体も認められているのは，acetone（アセトン），1,4-benzoquinone（1,4-ベンゾキノン）などである．acetophenone（アセトフェノン）と benzophenone（ベンゾフェノン）も GIN として認められているが，非置換体に限られる．ケトンの名称の例を表 2.22 に示す．

［例題 2.10］　次のケトンを PIN で命名せよ．

(a) CH₃CH₂-C-CH₂CH₂CH₂CH₃
　　　　　　‖
　　　　　　O

(b) CH₂=CH-CH₂-C-CH₃
　　　　　　　　‖
　　　　　　　　O

(c) シクロヘキサノン環=O

(d) CH₃CH₂-C-CH₂-C-CH₃
　　　　　　‖　　　‖
　　　　　　O　　　O

(e) Cl-フェニル-C(=O)-CH₃

［解答］

(a) heptan-3-one　ヘプタン-3-オン　(b) pent-4-en-2-one　ペンタ-4-エン-2-オン
(c) cyclohexanone　シクロヘキサノン　(d) hexane-2,4-dione　ヘキサン-2,4-ジオン　(e) 1-(3-chlorophenyl)ethan-1-one　1-(3-クロロフェニル)エタン-1-オン

表 2.22 ケトンの名称

式	名 称	
	PIN	**GIN**
$CH_3-CO-CH_3$	propan-2-one プロパン-2-オン	acetone アセトン dimethyl ketone ジメチルケトン
$C_6H_5-CO-CH_3$	1-phenylethan-1-one 1-フェニルエタン-1-オン	acetophenone アセトフェノン
$C_6H_5-CH_2-CO-CH_3$	1-phenylpropan-2-one 1-フェニルプロパン-2-オン	benzyl methyl ketone ベンジルメチルケトン
	cyclohexa-2,5-diene-1,4-dione シクロヘキサ-2,5-ジエン-1,4-ジオン	1,4-benzoquinone 1,4-ベンゾキノン
$C_6H_5-CO-C_6H_5$	diphenylmethanone ジフェニルメタノン	benzophenone ベンゾフェノン diphenyl ketone ジフェニルケトン

演習問題

問題 1 分子式 C_4H_8O のすべてのアルデヒドとケトンの構造式と PIN をかけ.

問題 2 分子式 $C_5H_{10}O$ のすべてのアルデヒドの構造式と PIN をかけ.

問題 3 分子式 C_4H_6O のすべてのアルデヒドとケトンの構造式と PIN をかけ.

問題 4 次の化合物の PIN をかけ.

2.6 カルボン酸とカルボン酸誘導体

2.6.1 カルボン酸

カルボニル基 $>$C=O の炭素原子に -OH が一つ結合した -COOH をカルボキシ基といい,この特性基をもつ化合物をカルボン酸と総称する.一般構造 R-COOH をもち,**置換命名法での名称が PIN である**.アルデヒドと同じように,比較的単純な鎖状化合物では,-COOH の炭素を母体化合物に含め,表 2.3 の接尾語 oic acid(酸)と該当する倍数接頭語を用いる.R- が環状構造であったり,枝のある鎖状化合物の主鎖および側鎖に -COOH をもっていたりする場合には,-COOH の炭素を母体化合物に含めずに,表 2.3 の接尾語 carboxylic acid(カルボン酸)あるいは接頭語 carboxy(カルボキシ)と,該当する倍数接頭語を用いる.

慣用名で PIN として認められているのは,formic acid(ギ酸),acetic acid(酢酸),benzoic acid(安息香酸),oxalic acid(シュウ酸)などで,ギ酸を除いて接頭語として表す置換基による置換は認められている.

慣用名で GIN として認められているのは,isophthalic acid(イソフタル酸),phthalic acid(フタル酸),terephthalic acid(テレフタル酸)などで,置換体も認められている.acrylic acid(アクリル酸),propionic acid(プロピオン酸),butyric acid(酪酸),succinic acid(コハク酸),maleic acid(マレイン酸),fumaric acid(フマル酸),palmitic acid(パルミチン酸),stearic acid(ステアリン酸),oleic acid(オレイン酸)なども GIN として認められ,無水物,エステル,塩への官能基化も認められているが,非置換体に限られる.

例:

benzene-1,3-dicarboxylic acid
ベンゼン-1,3-ジカルボン酸
isophthalic acid(GIN)
イソフタル酸

benzene-1,2-dicarboxylic acid
ベンゼン-1,2-ジカルボン酸
phthalic acid(GIN)
フタル酸

benzene-1,4-dicarboxylic acid
ベンゼン-1,4-ジカルボン酸
terephthalic acid(GIN)
テレフタル酸

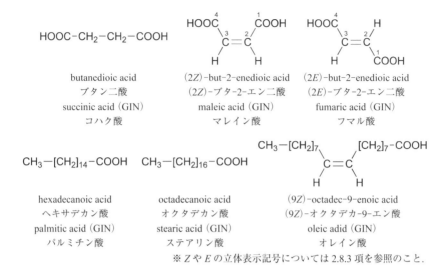

HOOC-CH₂-CH₂-COOH

butanedioic acid
ブタン二酸
succinic acid（GIN）
コハク酸

(2Z)-but-2-enedioic acid
(2Z)-ブタ-2-エン二酸
maleic acid（GIN）
マレイン酸

(2E)-but-2-enedioic acid
(2E)-ブタ-2-エン二酸
fumaric acid（GIN）
フマル酸

CH₃-[CH₂]₁₄-COOH　　CH₃-[CH₂]₁₆-COOH

hexadecanoic acid
ヘキサデカン酸
palmitic acid（GIN）
パルミチン酸

octadecanoic acid
オクタデカン酸
stearic acid（GIN）
ステアリン酸

(9Z)-octadec-9-enoic acid
(9Z)-オクタデカ-9-エン酸
oleic adid（GIN）
オレイン酸

※ *Z* や *E* の立体表示記号については 2.8.3 項を参照のこと.

2.6.2　カルボン酸誘導体とアシル基

　カルボキシ基 -COOH の -OH をほかの原子または原子団で置換した化合物を
カルボン酸誘導体と総称する．図 2.7 におもなカルボン酸誘導体を示す.

　カルボン酸　　　エステル　　酸ハロゲン化物　　酸無水物　　　アミド

図 2.7　カルボン酸とカルボン酸誘導体

　カルボン酸 R-COOH からヒドロキシ基 -OH を除いてできる基をアシル基
R-CO- という．相当する酸の名称の語尾 oic acid または ic acid を oyl（オイル）
または yl（イル）に換えて命名する．接尾語が carboxylic acid により命名される
酸に由来するアシル基は，接尾語を carbonyl（カルボニル）に換えて命名する．
表 2.23 にカルボン酸とアシル基の名称の例を示す.

2.6.3　天然物由来のカルボン酸

　天然物に関連するカルボン酸の慣用名であるクエン酸，乳酸，グリセリン酸，
ピルビン酸および酒石酸は GIN として認められている．置換はできないが，こ
れらの酸の名称から塩とエステルの名称をつくることは認められる．置換命名法
の名称が PIN であり，カルボン酸より下位の特性基は，表 2.3 の接頭語を用いて

表 2.23　カルボン酸とアシル基の名称

カルボン酸		アシル基
名　称	式	名称（上が優先接頭語，下がそれ以外の接頭語）
formic acid　ギ酸 methanoic acid（GIN）　メタン酸	$HCO-$	formyl　ホルミル methanoyl　メタノイル
acetic acid　酢酸 ethanoic acid（GIN）　エタン酸	CH_3CO-	acetyl　アセチル ethanoyl　エタノイル
propanoic acid　プロパン酸 propionic acid（GIN）　プロピオン酸	CH_3CH_2CO-	propanoyl　プロパノイル propionyl　プロピオニル
butanoic acid　ブタン酸 butyric acid（GIN）　酪酸	$CH_3CH_2CH_2CO-$	butanoyl　ブタノイル butyryl　ブチリル
2-methylpropanoic acid 2-メチルプロパン酸	$\overset{3}{C}H_3-\overset{2}{C}H-\overset{1}{C}-$ $\quad\quad\overset{\|}{C}H_3\ \overset{\|}{O}$	2-methylpropanoyl 2-メチルプロパノイル
cyclohexanecarboxylic acid シクロヘキサンカルボン酸	$\text{(cyclohexane)}CO-$	cyclohexanecarbonyl シクロヘキサンカルボニル
prop-2-enoic acid プロパ-2-エン酸 acrylic acid（GIN）　アクリル酸	$CH_2=CH-CO-$	prop-2-enoyl プロパ-2-エノイル acryloyl　アクリロイル
2-methylprop-2-enoic acid 2-メチルプロパ-2-エン酸 methacrylic acid（GIN）　メタクリル酸	$\overset{3}{C}H_2=\overset{2}{C}-\overset{1}{C}-$ $\quad\quad\overset{\|}{C}H_3\ \overset{\|}{O}$	2-methylprop-2-enoyl 2-メチルプロパ-2-エノイル methacryloyl　メタクリロイル
oxalic acid　シュウ酸 ethanedioic acid（GIN）　エタン二酸	$-\overset{\|\|}{\underset{O}{C}}-\overset{\|\|}{\underset{O}{C}}-$	oxalyl　オキサリル ethanedioyl　エタンジオイル
	$HO-\overset{\|\|}{\underset{O}{C}}-\overset{\|\|}{\underset{O}{C}}-$	oxalo　オキサロ carboxycarbonyl カルボキシカルボニル
benzoic acid　安息香酸 benzenecarboxylic acid（GIN） ベンゼンカルボン酸	C_6H_5CO-	benzoyl　ベンゾイル benzenecarbonyl ベンゼンカルボニル
benzene-1,2-dicarboxylic acid ベンゼン-1,2-ジカルボン酸 phthalic acid（GIN）　フタル酸	$\text{(benzene)}\overset{CO-}{\underset{CO-}{}}$	benzene-1,2-dicarbonyl ベンゼン-1,2-ジカルボニル phthaloyl　フタロイル

命名する. 以下に例を示すが, 立体配置に関しては 2.8 節を参照のこと.

例:

$$\overset{1}{C}H_2COOH$$
$$HO-\overset{2}{C}COOH$$
$$\overset{3}{C}H_2COOH$$

2-hydroxypropane-1,2,3-tricarboxylic acid
2-ヒドロキシプロパン-1,2,3-トリカルボン酸
citric acid (GIN) クエン酸

$$\overset{1}{C}OOH$$
$$HO-\overset{2}{C}-H$$
$$\overset{3}{C}H_2OH$$

2,3-dihydroxypropanoic acid
2,3-ジヒドロキシプロパン酸
glyceric acid (GIN)   グリセリン酸

$$\overset{3}{C}H_3-\overset{2}{C}H-\overset{1}{C}OOH$$
$$\quad\quad OH$$

2-hydroxypropanoic acid
2-ヒドロキシプロパン酸
lactic acid (GIN)
乳酸

$$\overset{3}{C}H_3-\overset{2}{C}-\overset{1}{C}OOH$$
$$\quad\quad O$$

2-oxopropanoic acid
2-オキソプロパン酸
pyruvic acid (GIN)
ピルビン酸

$$HOOC-[CH(OH)]_2-COOH$$

2,3-dihydroxybutanedioic acid
2,3-ジヒドロキシブタン二酸
tartaric acid (GIN)
酒石酸

[例題 2.11]   次のカルボン酸を PIN で命名せよ.

(a) $CH_3CH_2CH_2CH_2CH_2C-OH$
     $\quad\quad\quad\quad\quad\quad\quad\quad\quad O$

(b) CH_3CHCH_2C-OH
     $\quad\quad\quad CH_3 \quad O$

(c) $CH_2=CH-CH_2-C-OH$
     $\quad\quad\quad\quad\quad\quad\quad O$

(d) $HC\equiv C-C-OH$
     $\quad\quad\quad\quad O$

(e) $\quad\quad\quad\quad\quad CH_2CH_3$
     $HO-CCHCH_2C-OH$
     $\quad\quad O \quad\quad\quad O$

(f)

(g)

[解答]

(a) hexanoic acid   ヘキサン酸   (b) 3-methylbutanoic acid   3-メチルブタン酸

(c) but-3-enoic acid   ブタ-3-エン酸   (d) prop-2-ynoic acid   プロパ-2-イン酸

(e) 2-ethylbutanedioic acid   2-エチルブタン二酸   (f) 2-chlorocyclopentane-1-carboxylic acid   2-クロロシクロペンタン-1-カルボン酸   (g) phenylacetic acid フェニル酢酸

2.6.4   酸ハロゲン化物

PIN は官能種類命名法での名称であり, アシル基の名称と, 表 2.7 のハロゲンの官能種類名のうち, フルオリド, クロリド, ブロミド, ヨージドを組み合わせる. 英語では官能種類名と基名を別の語で表す. 日本語では化合物名全体を 1 語で表し, 官能種類名の前につなぎ符号 = を入れる. GIN の日本語名では, 2.3 節のハロゲン化合物での官能種類命名法の日本語名と同様に命名する.

例：

CH₃-C-Cl
　　‖
　　O
acetyl chloride
アセチル=クロリド

H-C-Br
　‖
　O
formyl bromide
ホルミル=ブロミド

CH₃-CH₂-CH₂-CH₂-CH₂-C-F
　　　　　　　　　　‖
　　　　　　　　　　O
hexanoyl fluoride
ヘキサノイル=フルオリド

Cl-C-CH₂-C-Cl
　‖　　　‖
　O　　　O
propanedioyl dichloride
プロパンジオイル=ジクロリド
malonyl dichloride（GIN）
二塩化マロニル または
マロニルジクロリド

Cl-C-⟨benzene⟩-C-Cl
　‖　　　　　‖
　O　　　　　O
benzene-1,4-dicarbonyl dichloride
ベンゼン-1,4-ジカルボニル=ジクロリド
terephthaloyl dichloride（GIN）
二塩化テレフタロイル または
テレフタロイルジクロリド

2.6.5　酸 無 水 物

2 分子のカルボン酸が脱水縮合し，同一の酸素原子に二つのアシル基が結合している化合物 R-CO-O-CO-R′ を酸無水物という．**PIN は官能種類命名法での名称で**，酸の名称の acid を anhydride に換えて命名する．日本語では anhydride に対して "酸無水物" という翻訳名を用いて，英語名からそのままの順序で 1 語の日本語名にする．ただし，酢酸の無水物については "無水酢酸" とする．

例：

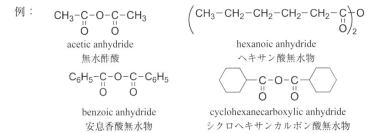

CH₃-C-O-C-CH₃
　　‖　　　‖
　　O　　　O
acetic anhydride
無水酢酸

(CH₃-CH₂-CH₂-CH₂-CH₂-C)O
　　　　　　　　　　　‖
　　　　　　　　　　　O)₂
hexanoic anhydride
ヘキサン酸無水物

C₆H₅-C-O-C-C₆H₅
　　‖　　　‖
　　O　　　O
benzoic anhydride
安息香酸無水物

⟨cyclohexane⟩-C-O-C-⟨cyclohexane⟩
　　　　　　‖　　　‖
　　　　　　O　　　O
cyclohexanecarboxylic anhydride
シクロヘキサンカルボン酸無水物

異なるカルボン酸に由来する酸無水物は，英語では acid を除いた二つの酸の名称をアルファベット順に並べ，そのあとに anhydride をつけ，別の語で表す．日本語では英語名からそのままの順序で 1 語の日本語名にして，語間につなぎ符号 = を入れる．

例：

CH₃-C-O-C-CH₂CH₃
　　‖　　　‖
　　O　　　O
acetic propanoic anhydride
酢酸=プロパン酸=無水物

2.6.6 カルボン酸の塩

　カルボン酸の塩の命名法は基本的に無機化合物と同じで，英語では陽イオンが先で日本語では陰イオンが先である．陽イオンが複数の場合はアルファベット順にする．カルボン酸の陰イオンの名称は，英語では語尾 ic acid を陰イオンを表す語尾 ate に換えてつくる．日本語では逆に陰イオンが先，陽イオンがあとにきて1語で表し，カルボン酸の陰イオンはカルボン酸名をそのまま用いる．カルボキシ基が複数ある多価カルボン酸がすべて解離した中性塩で，複数の陽イオンがあり英語名で3語以上で構成される名称の場合は，つなぎ符号 = を入れる．塩の生成は官能基化であり置換ではないため，PIN や GIN で置換が制限されている名称でも使用できる．

例：　$CH_3-\overset{\underset{\|}{O}}{C}-O^-\ Na^+$　　$CH_3-CH_2-CH_2-\overset{\underset{\|}{O}}{C}-O^-\ K^+$　　$\left(CH_3-\overset{\underset{\|}{O}}{C}-O^-\right)_2 Ca^{2+}$

　　　　sodium acetate　　　　　potassium butanoate　　　　calcium diacetate
　　　　酢酸ナトリウム　　　　　ブタン酸カリウム　　　　　二酢酸カルシウム

$K^+\ {}^-O-\overset{\underset{\|}{O}}{C}-CH_2-CH_2-\overset{\underset{\|}{O}}{C}-O^-\ Na^+$　　　$\left(CH_3-\overset{\underset{\|}{O}}{C}-O^-\right)_4 Ge^{4+}$

potassium sodium butanedioate　　　　　germanium tetraacetate
ブタン二酸=カリウム=ナトリウム　　　　四酢酸ゲルマニウム
potassium sodium succinate（GIN）
コハク酸カリウムナトリウム

　カルボキシ基が複数ある多価カルボン酸で一部が解離して陰イオンになっている酸性塩は，カルボン酸の陰イオンの名称に，カルボキシ基のまま残存する部分の置換基の名称を接頭語 carboxyl としてつけて命名する．先述の多価カルボン酸の中性塩と同じ方法で，残存するカルボン酸の水素原子を陽イオンと陰イオンの間に hydrogen を別語として挿入して命名する名称は，GIN として認められる．日本語の名称では，"水素"は酸の名称の直後に挿入する．もし多価カルボン酸の酸性塩でどのカルボキシ基が解離しているか未詳の場合は，この名称がPIN となる．なお，カルボン酸陰イオン $-COO^-$ の優先接頭語は carboxylato（カルボキシラト）である．

例：

$$HO-\underset{\underset{O}{\|}}{C}-\overset{3}{C}H_2-\overset{2}{C}H_2-\overset{1}{\underset{\underset{O}{\|}}{C}}-O^-\ NH_4^+$$

ammonium 3-carboxypropanoate
3-カルボキシプロパン酸アンモニウム
ammonium hydrogen butanedioate（GIN）
ブタン二酸水素アンモニウム
ammonium hydrogen succinate（GIN）
コハク酸水素アンモニウム

$$\underset{2}{\overset{1}{\bigcirc}}\begin{matrix}COO^-\\ CH_2COO^-\end{matrix}\ \ Na^+\ H^+$$

sodium hydrogen 2-(carboxylatomethyl)benzoate
2-(カルボキシラトメチル)安息香酸=水素=
ナトリウム

2.6.7　エステル

　エステル R−CO−OR′の PIN は官能種類命名法での名称である．英語名では
ヒドロキシ基成分 −OR′の R′の基名のあとに，カルボン酸成分 R−CO− に由来す
る陰イオン R−COO⁻ の名称を置き，別語で表す．日本語では化合物名全体を 1
語で表し，カルボン酸 R−COOH の名称のあとに R′の基名をつける．

例：

$$CH_3-\underset{\underset{O}{\|}}{C}-O-CH_2CH_3$$

ethyl acetate
酢酸エチル

$$CH_3-[CH_2]_6-\underset{\underset{O}{\|}}{C}-O-C(CH_3)_3$$

tert-butyl octanoate
オクタン酸 *tert*-ブチル

$$\bigcirc-\underset{\underset{O}{\|}}{C}-O-CH_3$$

methyl cyclohexanecarboxylate
シクロヘキサンカルボン酸メチル

　1 分子中にカルボキシ基やヒドロキシ基を複数もつ化合物から得られる多価の
エステル（ポリエステル）は，同じ置換基であれば倍数接頭語を用いて命名し，
異なる置換基であればアルファベット順にする．英語名で 3 語以上で構成され
る名称の場合は，つなぎ符号 = を入れる．

例：

$$CH_3-O-\underset{\underset{O}{\|}}{C}-CH_2-CH_2-\underset{\underset{O}{\|}}{C}-O-CH_3$$

dimethyl butanedioate
ブタン二酸ジメチル
dimethyl succinate（GIN）
コハク酸ジメチル

$$CH_3-O-\underset{\underset{O}{\|}}{C}-CH_2-\underset{\underset{O}{\|}}{C}-O-CH_2-CH_3$$

ethyl methyl propanedioate
プロパン二酸=エチル=メチル
ethyl methyl malonate（GIN）
マロン酸エチルメチル

$$CH_3-\overset{\displaystyle \,}{\underset{\displaystyle O}{C}}-O-CH_2-CH_2-O-\overset{\displaystyle \,}{\underset{\displaystyle O}{C}}-CH_3$$

ethane-1,2-diyl diacetate
二酢酸エタン-1,2-ジイル
ethylene diacetate（GIN）
二酢酸エチレン

$$CH_3-\overset{\displaystyle \,}{\underset{\displaystyle O}{C}}-O-\bigcirc-O-\overset{\displaystyle \,}{\underset{\displaystyle O}{C}}-CHCl_2$$

1,4-phenylene acetate dichloroacetate
酢酸=ジクロロ酢酸=1,4-フェニレン

2.6.8 ア ミ ド

アミドはカルボキシ基の -OH がアミノ基あるいは置換アミノ基に置き換えられた化合物である. 一般的に, 一つの窒素原子上に 1 個, 2 個または 3 個のアシル基をもつアミドを, それぞれ第一級アミド, 第二級アミド, 第三級アミドという.

第一級アミドで, $-NH_2$ に置換基がついていない鎖状のモノアミドおよびジアミドは, **母体化合物名に接尾語 amide（アミド）をつけて, 置換命名法で命名し, これが PIN である**. 母体化合物名の末尾の文字 e は amide の a の前では省略する. ジアミドの命名には倍数接頭語 di（ジ）を用いる. 母体化合物名が環状化合物であったり, 枝分かれのない鎖で末端の二つの炭素以外に 3 個目以上の $-CO-NH_2$ があったりして, 相当するカルボン酸の名称の語尾が carboxylic acid（カルボン酸）である場合は, 接尾語 carboxamide（カルボキシアミド）を用いて命名する.

例： $CH_3-[CH_2]_4-\overset{\displaystyle \,}{\underset{\displaystyle O}{C}}-NH_2$ $H_2N-\overset{\displaystyle \,}{\underset{\displaystyle O}{C}}-CH_2-CH_2-CH_2-\overset{\displaystyle \,}{\underset{\displaystyle O}{C}}-NH_2$

hexanamide   pentanediamide
ヘキサンアミド   ペンタンジアミド

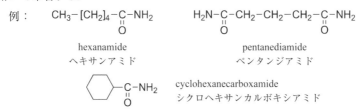

cyclohexanecarboxamide
シクロヘキサンカルボキシアミド

慣用名で PIN として認められているのは, acetamide（アセトアミド）, benzamide（ベンズアミド）, oxamide（オキサミド）, formamide（ホルムアミド）などである. アセトアミド, ベンズアミド, オキサミドは置換可能で, ホルムアミドは $-NH_2$ 上で置換が認められている.

例： $CH_3-CO-NH_2$ acetamide   アセトアミド

$C_6H_5-CO-NH_2$ benzamide   ベンズアミド

$NH_2-CO-CO-NH_2$ oxamide   オキサミド

$HCO-NH_2$ formamide   ホルムアミド

慣用名で GIN として認められ, 置換可能なカルボン酸に由来するアミド

である phthalamide（フタルアミド），isophthalamide（イソフタルアミド），terephthalamide（テレフタルアミド）は GIN として認められ，置換可能である．acrylamide（アクリルアミド），propionamide（プロピオンアミド）なども GIN として認められるが，由来するカルボン酸と同様に置換は認められない．

例：

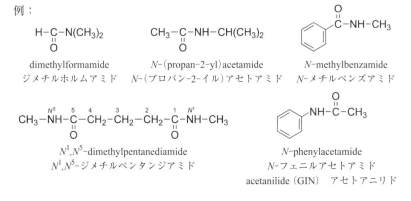

benzene-1,2-dicarboxamide	prop-2-enamide	propenamide
ベンゼン-1,2-ジカルボキシアミド	プロパ-2-エンアミド	プロパンアミド
phthalamide（GIN）	acrylamide（GIN）	propionamide（GIN）
フタルアミド	アクリルアミド	プロピオンアミド

第一級アミドの N-置換体 R−CO−NHR′や R−CO−NHR′R″は，位置記号である N-を前につけた置換基 R′，R″の名称を接頭語としてつけて命名する．第一級アミドの N-フェニル誘導体の慣用名 anilide（アニリド）は GIN として認められ，N-フェニル環の置換も可能である．この場合置換基の位置番号にはプライムつきの数字を用いる．ただし，相当するカルボン酸の慣用名が GIN で認められていても，置換不可となっている場合には認められない．

例：

| dimethylformamide | N-(propan-2-yl)acetamide | N-methylbenzamide |
| ジメチルホルムアミド | N-(プロパン-2-イル)アセトアミド | N-メチルベンズアミド |

N^1,N^5-dimethylpentanediamide	N-phenylacetamide
N^1,N^5-ジメチルペンタンジアミド	N-フェニルアセトアミド
	acetanilide（GIN）　アセトアニリド

第二級アミド$(R-CO)_2NH$ および第三級アミド$(R-CO)_3N$ は，それぞれ優先順位の高い基を母体化合物とした第一級アミドまたは優先接頭語の N-アシル誘導体として命名する．

例：

N-formylformamide	*N*-acetylbenzamide	*N,N*-di(cyclohexanecarbonyl)-
N-ホルミルホルムアミド	*N*-アセチルベンズアミド	cyclohexanecarboxamide
		N,N-ジ(シクロヘキサンカルボニル)
		シクロヘキサンカルボキシアミド

2.6.9　環状のカルボン酸誘導体

　分子内の脱水縮合により環状のカルボン酸誘導体となる場合は，図 2.8 のように カルボニル基 >C=O と環状構造に酸素あるいは窒素を含む構造となる．あと の節で示すとおり，ヘテロ原子を含む環を複素環といい，このうちヘテロ原子と カルボニル炭素が結合している化合物は，2013 勧告より“擬ケトン”という新し いケトンのサブグループに分類され，複素環ケトンとして命名されるようになった．

ラクトン	環状無水物	ラクタム
（分子内エステル）		（分子内アミド）

図 2.8　環状のカルボン酸誘導体

　環状のカルボン酸誘導体では，五員環や六員環の大きさをもつことが多い．そ のため，ヘテロ原子を 1 個もつ五員環と六員環の複素環の構造と名称を以下に 示す．これらの複素環の PIN は，表 2.28 と表 2.29 に示されている体系名ではな く慣用名であるものが多い．複素環については 2.9 節を参照のこと．

　例：

oxolane　オキソラン	furan	oxane	2*H*-pyran
tetrahydrofuran（GIN）	フラン	オキサン	2*H*-ピラン
テトラヒドロフラン			

pyrrolidine	1*H*-pyrrole	pipperidine	pyridine
ピロリジン	1*H*-ピロール	ピペリジン	ピリジン

ピランやピロールの *H* は**指示水素**と呼ばれる．複素環や縮合環で，環を構成する原子をすべて共役二重結合で結ぶ際に，多重結合に関与しない原子の位置により生じる異性体を区別するのに必要となり，化合物の名称の前に位置番号とイタリック体の大文字 *H* を置き，続けてハイフンで区切る．詳しくは 2.9.1 項を参照のこと．

環状のカルボン酸誘導体の PIN はこれらの複素環を母体化合物として，接尾語 one（オン）を位置番号とともにつけることにより，複素環の擬ケトンとして命名する（表 2.24）．酸無水物のように，カルボニル基が複数個の場合は，相当する倍数接頭語を one（オン）の前につける．複素環の慣用名で GIN として認められている名称を母体化合物としたり，相当するカルボン酸誘導体名より命名した名称は，GIN として認められている．

表 2.24 カルボン酸誘導体に由来する擬ケトンの名称

式	名 称	
	PIN	**GIN**
	oxolan-2-one オキソラン-2-オン	tetrahydrofuran-2-one テトラヒドロフラン-2-オン butano-4-lactone ブタノ-4-ラクトン
	oxolane-2,5-dione オキソラン-2,5-ジオン	3,4-dihydrofuran-2,5-dione 3,4-ジヒドロフラン-2,5-ジオン butanedioic anhydride ブタン二酸無水物 succinic anhydride 無水コハク酸
	furan-2,5-dione フラン-2,5-ジオン	maleic anhydride 無水マレイン酸
	2-benzofuran-1,3-dione 2-ベンゾフラン-1,3-ジオン	phthalic anhydride 無水フタル酸
	pyrrolidin-2-one ピロリジン-2-オン	butano-4-lactam ブタノ-4-ラクタム

[例題 2.12] 次のカルボン酸とカルボン酸誘導体を PIN で命名せよ．

(a) $CH_3CH_2-\underset{O}{C}-OH$ (b) $CH_3CH_2-\underset{O}{C}-Cl$ (c) $CH_3CH_2-\underset{O}{C}-O-\underset{O}{C}-CH_2CH_3$

(d) CH₃CH₂—C—O⁻ K⁺   (e) CH₃CH₂—C—O—CH₃   (f) CH₃CH₂—C—NH₂
            ║   ║   ║
            O   O   O

(g) CH₃CH₂—C—NH—CH₃   (h) ⎛CH₃CH₂—C⎞—NH
            ║   ║
            O   O⎠₂

[解答]

(a) propanoic acid　プロパン酸　(b) propanoyl chloride　プロパノイル=クロリド
(c) propanoic anhydride　プロパン酸無水物　(d) potassium propanoate　プロパン酸
カリウム　(e) methyl propanoate　プロパン酸メチル　(f) propanamide　プロパン
アミド　(g) *N*-methylpropanamide　*N*-メチルプロパンアミド　(h) *N*-propanoylpro-
panamide　*N*-プロパノイルプロパンアミド

演習問題

問題 1　分子式 C₅H₁₀O₂ のすべてのカルボン酸の構造式と PIN をかけ.

問題 2　分子式 C₄H₈O₂ のすべてのエステルの構造式と PIN をかけ.

問題 3　次のカルボン酸の PIN をかけ.

(a)
          CH₃ C₂H₅
           │   │
CH₃—C—C—C—OH
          H H O
(b) (HOOC)₂CH—CH(COOH)₂

(c)
(CH₃)₃C—⟨cyclohexane⟩—C(O)—OH

(d) ⟨C₆H₅⟩—CH=CH—C—OH (with O double bond)

(e) CH₃—C—CH₂—C—OH (with two O double bonds)

(f)
COOH
  OH （phenol ring）

(g)
⟨benzene ring with CH₃⟩—C(O)—OH

問題 4　次のカルボン酸誘導体の PIN をかけ.

(a) Cl—CH₂—CH₂—C—Br (with O)　(b) ClCH₂—C—O—C—⟨naphthalene⟩ (with two O)

(c) CH₃—C—CH₂—C—OC₂H₅ (with two O)　(d) NH₄⁺ ⁻OOC—CH₂CH₂CH₂CH₂—COO⁻ K⁺

(e) ⟨cyclopentane⟩—COOCH₃, —CH₃, CH₃　(f) CH₃CH₂—C—N(C₆H₅)₂ (with O)　(g) ⟨lactone ring O, O⟩　(h) ⟨N–H lactam ring with CH₃, O⟩

2.7 アミン，ニトリル，アゾ化合物，ニトロ化合物

2.7.1 ア　ミ　ン

　アミンは，母体化合物の水素をアンモニア NH_3 の水素原子を除いた特性基で置換した化合物の総称である．アミンは塩基性を示す有機化合物であり，塩基性は窒素の非共有電子対に由来する．アンモニアの窒素に結合する基の数により，以下のように分類される．

　　　第一級アミン：RNH_2
　　　第二級アミン：$RR'NH$
　　　第三級アミン：$RR'R''N$
　　　第四級アンモニウム（陽イオン）：$RR'R''R'''N^+$

　アルコールやハロゲン化物などの場合は，ヒドロキシ基やハロゲン原子などの特性基が結合している炭素原子で級数が決まるが，アミンの場合は窒素原子である．第四級アンモニウムでは，第三級アミンの窒素の非共有電子対を使ってもう一つの基と結合し，窒素原子上に正電荷をもつ陽イオン（カチオン）となる．また，第一級，第二級，第三級アミンが塩酸のような酸と反応し，窒素の非共有電子対に H^+ が付加してアンモニウム塩になることもある．

　アミンでは置換命名法の名称が PIN である．以下級数や種類ごとに具体的な命名法を述べる．

　第一級アミンは，母体化合物の名称に接尾語 amine（アミン）を加える．同じ母体化合物に $-NH_2$ を複数もつポリアミンは，該当する倍数接頭語を用いる．倍数接頭語の末尾の文字 a は接尾語 amine の前では省略する．例えば tetramine（日本語名はテトラアミン）となり tetraamine ではない．

　慣用名で PIN として認められているのは，第一級アミンでは aniline（アニリン）のみで，環と窒素原子に対してすべての置換が認められている．体系名 benzenamine（ベンゼンアミン）は GIN として用いてよい．

　従来置換命名法の一つで使用されてきた母体化合物の基の名称に接尾語 amine（アミン）を加える名称は，GIN として使用できる．例えば，図 2.2 に示した CH_3NH_2 の PIN は methanamine（メタンアミン）であるが，methylamine（メチルアミン）は GIN として使用できる．

　アミノ基より優先順位が高い構造や特性基がある場合は，表 2.3 の接頭語

amino（アミノ）を用いる．接頭語 anilino（アニリノ）は C_6H_5-NH- に対する
どのような置換も認められる優先接頭語である．phenylamino（フェニルアミノ）
は GIN として用いてよい．

　第二級および第三級アミンは，窒素原子に結合している基の母体化合物の第一
級アミンにほかの基が *N*-置換したとして，基の名称を接頭語としてつけて命名
する．この場合，接頭語の前に *N*-をつける．異なる基が結合している場合は，
優先順位の高い基を母体化合物とする．第三級アミンで二つの基の名称を接頭語
としてつける場合はアルファベット順とする．

　第一級アミンと同じように，母体化合物の基の名称に接尾語 amine（アミン）
をつける名称は，GIN として使用できる．この場合，接頭語として窒素に置換
している基の名称のアルファベット順に並べる．従来の命名法で現在は認められ
ていない名称と区別するため，GIN では第二級アミンの2番目の接頭語，およ
び第三級アミンの2番目と3番目の接頭語は，接頭語が単純な構造であるとき
は丸括弧で囲む．第一級，第二級，第三級アミンの名称の例を表 2.25 に示す．

　第一級，第二級，第三級アミンから得られるアンモニウム塩や第四級アンモニ
ウム（塩）では，母体化合物名の名称につけた amine（アミン）の語尾を aminium
（アミニウム）に換える．ium は陽イオンを示す接尾語である．第四級アンモニ
ウムでは，窒素原子に結合した基を接頭語として表示する．陰イオンの名称は，
英語名では別の単語として陽イオンの名称のあとに示し，日本語名では，陽イオ
ンの名称のあとにつなぎ符号 = を入れて示す．

　GIN として，第四級アンモニウム塩についてのみ，NH_4^+（ammonium（アン
モニウム））の水素を置換した基の名称を接頭語として示した名称として使用し
てよい．

　以下にアンモニウム塩の例を示す．

例：$CH_3-\overset{+}{N}H_3$ Cl^-

methanaminium chloride
メタンアミニウム=クロリド

$CH_3-CH_2-\overset{+}{N}H_2CH_3$ Br^-

N-methylethanaminium bromide
N-メチルエタンアミニウム=
ブロミド

$CH_3-CH_2-\overset{+}{N}H(CH_3)_2$ I^-

N,N-dimethylethanaminium iodide
N,N-ジメチルエタン
アミニウム=ヨージド

$(CH_3)_4N^+$ I^-

N,N,N-trimethylmethanaminium iodide
N,N,N-トリメチルメタンアミニウム=ヨージド
tetramethylammonium iodide（GIN）
ヨウ化テトラメチルアンモニウム または
テトラメチルアンモニウムヨージド

$\overset{+}{N}H_2-CH_3$ Br^-

N-methylanilinium bromide
N-メチルアニリニウム=ブロミド

表 2.25　アミンの名称

式	名　称	
	PIN	**GIN**
CH_3-NH_2	methanamine メタンアミン	methylamine メチルアミン
$\overset{CH_3}{\underset{3}{CH_3}-\underset{2}{CH}-\underset{1}{CH_2}-NH_2}$	2-methylpropan-1-amine 2-メチルプロパン-1-アミン	(2-methylpropyl)amine 2-メチルプロピルアミン
$\underset{3}{CH_2}=\underset{2}{CH}-\underset{1}{CH_2}-NH_2$	prop-2-en-1-amine プロパ-2-エン-1-アミン	allylamine アリルアミン
$C_6H_5-NH_2$	aniline アニリン	benzenamine ベンゼンアミン
Cl—⟨⟩—NH₂	4-chloroaniline 4-クロロアニリン	4-chlorobenzenamine 4-クロロベンゼンアミン
CH₃—⟨⟩—NH₂	4-methylaniline 4-メチルアニリン	4-methylbenzenamine 4-メチルベンゼンアミン
キノリン構造 NH₂ ※ 位置番号については 2.9 節を参照のこと.	quinolin-4-amine キノリン-4-アミン	(quinolin-4-yl)amine (キノリン-4-イル)アミン 4-quinolylamine 4-キノリルアミン
$C_6H_5-NH-C_6H_5$	*N*-phenylaniline *N*-フェニルアニリン	(diphenyl)amine (ジフェニル)アミン
$(CH_3CH_2)_2N-CH_2CH_3$	*N,N*-diethylethanamine *N,N*-ジエチルエタンアミン	(triethyl)amine (トリエチル)アミン
$\underset{CH_3CH_2CH_2CH_2-N-CH_2CH_3}{CH_2CH_2CH_3}$	*N*-ethyl-*N*-propylbutan-1-amine *N*-エチル-*N*-プロピルブタン-1-アミン	butyl(ethyl)(propyl)amine ブチル(エチル)(プロピル)アミン
$\overset{N^2}{NH_2}-\underset{2}{CH_2}-\underset{1}{CH_2}-\overset{N^1}{NH_2}$	ethane-1,2-diamine エタン-1,2-ジアミン	ethylenediamine エチレンジアミン

2.7.2　ニトリル

　炭素-窒素三重結合（$-C≡N$）を含む化合物をニトリルまたはシアン化物といい，一般構造 $R-C≡N$ をもつ．ニトリルは加水分解によりカルボン酸やカルボン酸誘導体に変換できるため，カルボン酸誘導体の一つとみなされることが多

い．命名法においても，慣用名をもつカルボン酸から誘導されたとして，カルボ
ン酸の語尾を換えて命名されてきたものもある．

　置換命名法の名称が PIN である．カルボン酸と同じように，比較的単純な鎖
状化合物では，−C≡N の炭素を母体化合物に含め，母体化合物の名称に表 2.3
の接尾語 nitrile（ニトリル）あるいは接頭語 nitrilo（ニトリロ）と，該当する倍
数接頭語を用いる．R− が環状構造であったり，枝のある鎖状化合物の主鎖およ
び側鎖に −C≡N をもっていたりする場合には，−C≡N の炭素を母体化合物に含
めずに，母体化合物の名称に表 2.3 の接尾語 carbonitrile（カルボニトリル）ある
いは接頭語 cyano（シアノ）と，該当する倍数接頭語を用いる．相当するカルボン
酸の慣用名の PIN や GIN をもとに命名する場合は，カルボン酸の語尾 ic acid,
oic acid（酸）を onitrile（オニトリル）に換えて命名する．この場合，置換や非
置換の条件はもとのカルボン酸の条件をそのまま引き継ぐ．

　官能種類命名法の名称は GIN として使用が認められており，命名法はハロゲ
ン化合物とおおむね共通している．英語では母体化合物の基名に続いて表 2.7 の
cyanide の官能種類名を別の単語として記し，必要であれば該当する倍数接頭語
を前に置くことで名称を作成する．日本語では，表 2.7 のシアン化の官能種類名
を，母体化合物の基名の前につけ，1 語で記す．必要であれば該当する倍数接頭
語（漢数字二, 三, ……とする）を官能種類名の前に置く．あるいは，英語名と同
じように，母体化合物の基名のあとに官能種類名シアニドを置いてもよい．

　ニトリルの名称の例を表 2.26 に示す．

2.7.3　アゾ化合物

　窒素-窒素二重結合（−N=N−）を含む化合物をアゾ化合物といい，一般構造
R−N=N−R′（R = R′または R ≠ R′）をもつ．**PIN は置換命名法**で，母体化合物
diazene（ジアゼン）H−N=N−H の水素の置換体として，置換した基の名称を接頭
語としてつけて命名する．−N=N− が一つで R ≠ R′の非対称モノアゾ化合物で
は，二つの置換基の接頭語をアルファベット順で示す．母体化合物である diazene
（ジアゼン）の前に複数の置換基の接頭語があるため，原則として二つ目の接頭
語名を丸括（　）で囲む．

　ほかに主基となる特性基が存在するときは，R′−N=N− により置換された母体
化合物 RH をもとに命名し，R′−N=N− の接頭語 R′-diazenyl（ジアゼニル）を
つける．R と R′が同一の構造であるときは，倍数置換基 −N=N− の接頭語

表2.26 ニトリルの名称

式	名 称	
	PIN	**GIN**
CH₃CN	acetonitrile アセトニトリル	ethanenitrile エタンニトリル
CH₃CH₂CN	propanenitrile プロパンニトリル	propiononitrile プロピオノニトリル
CH₃CH₂CH₂CH₂CH₂CN	hexanenitrile ヘキサンニトリル	pentyl cyanide シアン化ペンチル ペンチルシアニド
NCCH₂CH₂CH₂CN	pentanedinitrile ペンタンジニトリル	propane-1,3-diyl dicyanide 二シアン化プロパン-1,3-ジイル プロパン-1,3-ジイルジシアニド
⬡—CN	cyclohexanecarbonitrile シクロヘキサンカルボニトリル	cyclohexyl cyanide シアン化シクロヘキシル シクロヘキシルシアニド
C₆H₅CN	benzonitrile ベンゾニトリル	benzenecarbonitrile ベンゼンカルボニトリル
NC—⬡—CN	benzene-1,4-dicarbonitrile ベンゼン-1,4-ジカルボニトリル	terephthalonitrile テレフタロニトリル

diazenediyl（ジアゼンジイル）を用いる倍数命名法の名称が PIN になる.

　母体化合物名に接頭語 azo（アゾ）をつける従来の名称は GIN として使用できる. $-N=N-$ が一つで R = R′の対称モノアゾ化合物では，母体化合物名に接頭語 azo をつけて命名する. 置換基をもつときは接頭語と接尾語で表し，異なる母体化合物に置換基が結合している場合はプライムをつけた位置番号とつけない位置番号で区別する. アゾ基には，できるだけ小さい位置番号を優先的につける.

　$-N=N-$ が一つで R ≠ R′の非対称モノアゾ化合物では，二つの基の母体化合物の名称の間に azo を挿入する. 優先順位の高いほうの母体化合物の名称を先に示し，プライムなしの位置番号をつける. もう一つの母体化合物にはプライムつきの位置番号をつける. 母体化合物の結合している位置を示すために位置番号が必要な場合は，それぞれ接頭語 azo の直前または直後に置く.

　アゾ化合物の名称の例を表 2.27 に示す.

表 2.27   アゾ化合物の名称

式	名 称	
	PIN	**GIN**
$CH_3-N=N-CH_3$	dimethyldiazene ジメチルジアゼン	azomethane アゾメタン
$C_6H_5-N=N-C_6H_5$	diphethyldiazene ジフェニルジアゼン	azobenzene アゾベンゼン
$Cl\overset{4'}{-}\overset{1'}{-}N=N\overset{1}{-}\overset{Cl}{\underset{3}{}}$	(3-chlorophenyl)(4-chloro- phenyl)diazene (3-クロロフェニル)(4-ク ロロフェニル)ジアゼン	3,4'-dichloroazobenzene 3,4'-ジクロロアゾベンゼ ン
$CH_2=CH-N=N-CH_3$	ethenyl(methyl)diazene エテニル(メチル)ジアゼン	methyl(vinyl)diazene メチル(ビニル)ジアゼン etheneazomethane エテンアゾメタン
$\overset{2}{-}N=N\overset{1'}{-}$	(naphthalen-2-yl)(phenyl)- diazene (ナフタレン-2-イル)(フェ ニル)ジアゼン	naphthalene-2-azoben- zene ナフタレン-2-アゾベン ゼン
$HOOC-\!\!\!\!\!\!-N=N-\!\!\!\!\!\!-COOH$	4,4'-diazenediyldibenzoic acid 4,4'-ジアゼンジイル二安息 香酸	

2.7.4   ニトロ化合物

ニトロ基 $-NO_2$ を含む化合物をニトロ化合物と総称し，一般構造 $R-NO_2$ をも
つ．**置換命名法**が PIN であり，母体化合物名に表 2.4 の強制接頭語 nitro（ニト
ロ）をつける．代表的なニトロ化合物を以下に示す．

例： CH_3-NO_2
nitromethane
ニトロメタン

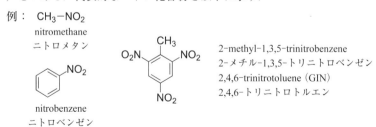

2-methyl-1,3,5-trinitrobenzene
2-メチル-1,3,5-トリニトロベンゼン
2,4,6-trinitrotoluene（GIN）
2,4,6-トリニトロトルエン

nitrobenzene
ニトロベンゼン

[例題 2.13]　次の化合物を PIN で命名せよ.

(a) $CH_3CH_2-NH_2$　(b)　　NH_2　(c) $CH_3CH_2-NH-CH_2CH_3$

(d) $CH_3CH_2-\underset{\underset{CH_3}{|}}{N}-CH_2CH_3$　(e) $(CH_3CH_2)_4N^+\ Br^-$　(f) $CH_3\underset{\underset{CH_3}{|}}{CH}-CN$

(g) $CH_3CH_2-N=N-CH_2CH_3$　(h) $CH_3CH_2-NO_2$

[解答]

(a) ethanamine　エタンアミン　(b) naphthalen-1-amine　ナフタレン-1-アミン

(c) *N*-ethylethanamine　*N*-エチルエタンアミン　(d) *N*-ethyl-*N*-methylethanamine
N-エチル-*N*-メチルエタンアミン　(e) *N,N,N*-triethylethanaminium bromide　*N,N,N*-
トリエチルエタンアミニウム=ブロミド　(f) 2-methylpropanenitrile　2-メチルプロ
パンニトリル　(g) diethyldiazene　ジエチルジアゼン　(h) nitroethane　ニトロエタン

演習問題

問題 1　分子式 C_3H_9N のすべてのアミンの構造式と PIN をかけ.

問題 2　分子式 $C_4H_{10}N_2$ のすべてのアゾ化合物の構造式と PIN をかけ.

問題 3　次のアミンを PIN で命名せよ.

(a) $ClCH_2CH_2-NH_2$　(b) $C_2H_5$$NH_2$　(c) $(CH_3)_2N-CH_2-CH_2-N(CH_3)_2$

(d) $CH_3CH_2CH_2-NH-CH_2CH_2Cl$　(e) 　(f)

問題 4　次の化合物を PIN で命名せよ.

(a) $Br-CH_2-CH_2-CN$　(c) 　(d)

(b)
$NC-CH_2CH_2CH_2\underset{\underset{CN}{|}}{CH}CH_2CH_2-CN$

(e) 　(f) 　(g)

2.8　立体異性体

　これまで述べてきた命名法による名称は，有機化合物の立体構造を考慮に入れ
ていない．立体構造は，これらの名称に立体表示記号といわれる接辞を加えるこ
とにより体系的に示される．したがって，立体異性体同士の名称は立体表示記号
だけが異なる．ただし，マレイン酸のように，その名称に立体表示記号が暗に含
まれているものもある．

　ここでは，簡単な化合物における立体異性体として，不斉炭素原子による**エナ
ンチオマー（鏡像異性体）**と，**ジアステレオマー**といわれる鏡像異性体の関係に
ない立体異性体のうち，二重結合や環状構造における基準面に対する位置関係に
よる異性体について述べる．

2.8.1　Cahn-Ingold-Prelog（CIP）順位規則

　立体異性体は原子や基の空間での配置が異なるために生じる異性体である．こ
の空間での配置を表すために，不斉炭素原子や基準面上にある炭素原子に結合し
ている原子や基の優先順位を決定する必要があり，PIN では Cahn-Ingold-Prelog
（CIP）順位規則を適用する．以下に一般的な順位決定法を示す．

(1) 直接結合している原子の原子番号が大きいものを上位とする．

$$H < C < N < O < F < Cl < Br < I$$

(2) (1)が同じである場合，次の原子同士で比較する．この原子は枝分かれや
(4)の多重結合がある場合は 1 個とは限らないことに留意する．

$$-CH_2-H < -CH_2-CH_3 < -CH_2-NH_2 < -CH_2-OH < -CH_2-F < -CH_2-Cl$$

(3) (2)でも決まらなければ，その次の原子で比較し，順位が決まるまで繰り
返す．

(4) 二重結合や三重結合は，それぞれ 2 本と 3 本の単結合に展開し，その単
結合の先にそれぞれの多重結合の末端にある原子をつける．この原子を複
製原子といい，（　）に入れる．ベンゼン環は単結合と二重結合が交互に
あるケクレ構造式とする．

$$-\underset{H}{C}=CH_2 \Rightarrow -\underset{H}{\overset{(C)}{C}}-\overset{(C)}{C}H_2 \qquad -C\equiv CH \Rightarrow -\overset{(C)}{\underset{(C)}{C}}-\overset{(C)}{\underset{(C)}{CH}}$$

$$-C\equiv N \Rightarrow -\overset{(N)}{\underset{(N)}{C}}-\overset{(C)}{\underset{(C)}{N}} \qquad -\underset{H}{C}=O \Rightarrow -\underset{H}{\overset{(O)}{C}}-\overset{(C)}{O}$$

したがって, 以下の順となる.

$$-\underset{H}{C}=CH_2 < -C\equiv CH < -C\equiv N < -\underset{H}{C}=O$$

[**例題 2.14**]　次の置換基を優先順位の順に並べよ.

(a) $-C\equiv C-H$　(b) $-\underset{O}{C}-OH$　(c) $-CH_2-OH$　(d) $-CH(CH_3)_2$

(e) $-CH_2CH_2CH_3$　(f) $-CH=CH_2$

[**解答**]

(b) → (c) → (a) → (f) → (d) → (e)

2.8.2　エナンチオマー

　ある物体を鏡に写した鏡像と，もとの実像が重なり合わない性質を**キラリティ
(chirality) という**. 形容詞はキラル（chiral）で，実像と鏡像が重なり合わない
分子を，キラルな分子という. また，実像と鏡像が重なり合い，キラリティがな
い分子をアキラル（achiral）という. chirality の語源はギリシャ語の"手"であ
り，右手と左手の一対がもっとも身近なキラリティの例である. 単純な有機化合
物でキラリティを生じるおもな原因は，炭素に四つの異なる基が結合している不
斉炭素原子によるものである.

　このような**エナンチオマーの一対を区別する立体表示記号がRとSである**.
不斉炭素原子における四つの異なる置換基 a, b, c, d は，炭素を中心とした四
面体の頂点に位置している. 図2.9において，炭素のまわりの4本の結合のう
ち，実線 —— は紙面上にあり，くさび形 ◀ は細いほうから太いほうへ紙面の手
前に，破線 ⅲⅲ は紙面の向こう側にあることを示す. CIP 順位規則により優先順
位をつけ（a > b > c > d），その並び順でRとSの配置を定義する. 最下位の
基 d を後ろ向きにして，残りの三つの基 a, b, c が手前にくるように分子を眺
め，三つの基の優先順位が高いほうから低いほうに，a → b → c とたどったと

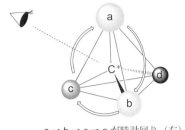 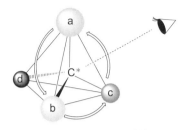

a→b→c→a が時計回り（右）　　　　　a→b→c→a が反時計回り（左）
なので，*R* 配置　　　　　　　　　　　　なので，*S* 配置

図 2.9　*R* 配置と *S* 配置

き，その順序が時計回り（右回り）を *R*，反時計回り（左回り）を *S* と表記する．このようにキラルな分子における原子の空間的配列を *R* あるいは *S* の記号で表したものを**絶対配置**という．

　PIN では，その立体異性が関係している名称の部分の直前に置き，*R* あるいは *S* の記号の前に不斉炭素原子の位置番号をつけ，丸括弧で囲んでそのあとにハイフンをつける．***R* と *S* の当量混合物であるラセミ体**である場合は，接頭語 *rac* とハイフンを立体表示記号の丸括弧の前につける．*rac* はラセミ体（racemate）に由来する．GIN では *RS*, *SR* のような立体表示記号を使用してよい．

　絶対配置が不明であったり必要としないなどの場合で，二つの置換基の相対的位置関係を表すには，接頭語 *rel* とハイフンを立体表示記号の丸括弧の前につける．*rel* は相対配置（relative configuration）に由来する．GIN ではアスタリスクをつけた立体表示記号 *R** や *S** を使用してよい．相対配置を表示するとき，最小の位置番号をもつ不斉炭素原子が *R* または *R** になるように立体表示番号をつける．

　例：

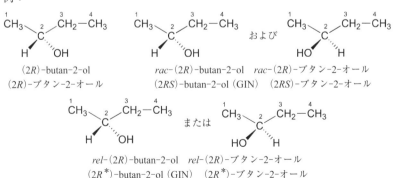

　　(2*R*)-butan-2-ol　　　　　　*rac*-(2*R*)-butan-2-ol　*rac*-(2*R*)-ブタン-2-オール
　(2*R*)-ブタン-2-オール　　　　(2*RS*)-butan-2-ol (GIN)　(2*RS*)-ブタン-2-オール

　　　rel-(2*R*)-butan-2-ol　*rel*-(2*R*)-ブタン-2-オール
　　　(2*R**)-butan-2-ol (GIN)　(2*R**)-ブタン-2-オール

[例題 2.15] 次の構造は *R* 体と *S* 体のどちらか.

(a)
C$_2$H$_5$—C—CH$_2$CH$_2$CH$_3$
   |
H CH$_3$

(b)
I—C—Br
  |
Cl F

(c)
HO—C—H
   |
H$_2$N CH$_3$

(d)
CH$_3$—C—COOH
    |
H OH

[解答・解説]

すべて *R* 体である. 数字は優先順位を示す.

(a)
      2   1
C$_2$H$_5$—C—CH$_2$CH$_2$CH$_3$
   4 | 3
   H CH$_3$

(b)
  1   2
I—C—Br
 3 | 4
 Cl F

(c)
  1   4
HO—C—H
  2 | 3
  H$_2$N CH$_3$

(d)
   3   2
CH$_3$—C—COOH
   4 | 1
   H OH

2.8.3 ジアステレオマー

二重結合の両側に結合する 2 個の置換基 a, b と c, d がそれぞれ異なる場合に立体異性が生じる. **これをシス/トランス異性といい, ジアステレオマーの一種である.** a と b, c と d の順位を決め, 図 2.10 のように順位が高いもの同士が二重結合と四つの置換基を含む平面に対して垂直な基準面の同じ側にあれば *Z*, 反対側にあれば *E* と表記する. これらの記号はドイツ語の zusammen (一緒に) と entgegen (反対に) に由来する.

表記の際には, 相当する位置番号のあとにつけ, これらの立体表示番号全体を丸括弧で囲み, つづいてハイフンで区切り化合物名を示す. 従来使用されてきた *cis* と *trans* は, **二重結合の二つの原子に一つずつ, 合わせて二つの水素原子をもつ場合にのみ** GIN として使用してよい. *cis* と *trans* は位置番号と丸括弧をつけない.

例：

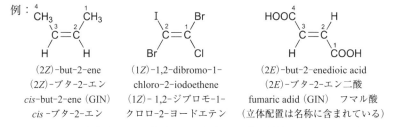

(2*Z*)-but-2-ene
(2*Z*)-ブタ-2-エン
cis-but-2-ene (GIN)
cis-ブタ-2-エン

(1*Z*)-1,2-dibromo-1-
chloro-2-iodoethene
(1*Z*)-1,2-ジブロモ-1-
クロロ-2-ヨードエテン

(2*E*)-but-2-enedioic acid
(2*E*)-ブタ-2-エン二酸
fumaric adid (GIN) フマル酸
(立体配置は名称に含まれている)

二つ以上の二重結合がある場合は, 該当する位置番号を *Z* と *E* の前につけ, 化合物の名称の前に置く. *cis* と *trans* は GIN で使用でき, 該当する位置番号とそれに続くハイフンを前につけ, 全体を丸括弧で囲んで化合物の名称の前に置く.

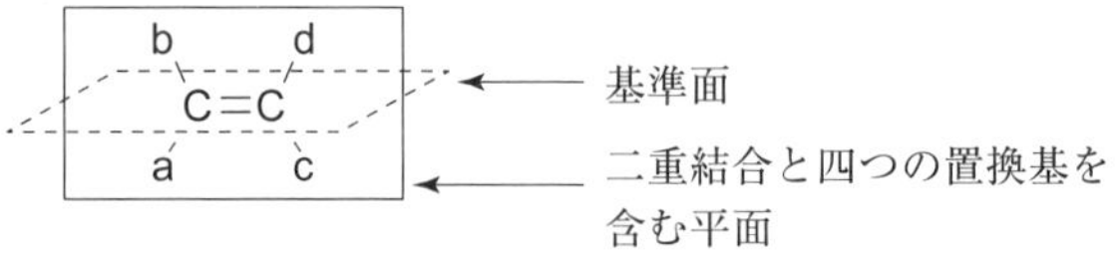

```
b       d
 \     /
  C = C          ← 基準面
 /     \
a       c          ← 二重結合と四つの置換基を
                     含む平面
```

a＞b, c＞d あるいは a＜b, c＜d のとき：*Z* 配置
a＞b, c＜d あるいは a＜b, c＞d のとき：*E* 配置

図 2.10 二重結合における *E, Z* 命名法

例：

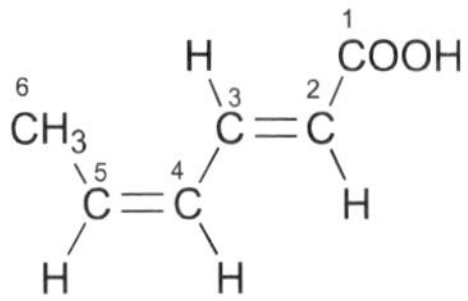

```
        H        ¹COOH
         \³    ²/
  CH₃     C = C
   \⁶     ⁵  ⁴   \
    C = C          H
   /     \
  H       H
```

(2*E*,4*Z*)-hexa-2,4-dienoic acid
(2*E*,4*Z*)-ヘキサ-2,4-ジエン酸
(2-*trans*,4-*cis*)-hexa-2,4-dienoic acid（GIN）
(2-*trans*,4-*cis*)-ヘキサ-2,4-ジエン酸

シス/トランス異性は環状化合物でも生じることがある．図 2.11 のように環状化合物で別の原子に結合している二つの置換基の相対的関係を示す際に，環の平面の同じ側にあるときを *cis*，反対側にあるときを *trans* と表示するが，2013 勧告では二重結合の場合と同じように PIN では認められず，置換基が結合している二つの原子に一つずつ水素原子をもつ場合にのみ GIN として使用してよい．*cis* と *trans* は GIN における相対配置を表す接頭語である．PIN では *R, S* などの立体表示記号を使用する．

例：

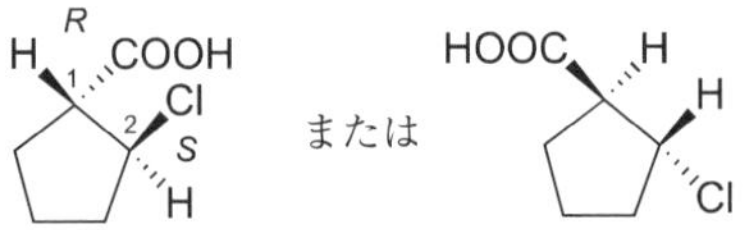

```
     R
  H   COOH
   \¹ /
    \ / Cl
     |²
    / \ S
   H                または
```

```
  HOOC   H
      \   \
       \   H
        |
       / \
      Cl
```

rel-(1*R*,2*S*)-2-chlorocyclopentane-1-carboxylic acid
rel-(1*R*,2*S*)-2-クロロシクロペンタン-1-カルボン酸
(1*R**,2*S**)-2-chlorocyclopentane-1-carboxylic acid（GIN）
(1*R**,2*S**)-2-クロロシクロペンタン-1-カルボン酸
trans-2-chlorocyclopentane-1-carboxylic acid（GIN）
trans-2-クロロシクロペンタン-1-カルボン酸

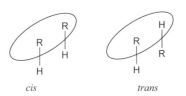

cis   *trans*

図 2.11 環状化合物におけるシス/トランス異性

[例題 2.16]　次の構造は Z 体と E 体のどちらか.

(a)
$$\begin{array}{c} Cl \\ \diagdown \\ CH_3 \end{array} C = C \begin{array}{c} H \\ \diagup \\ CH_3 \end{array}$$

(b)
$$\begin{array}{c} Cl \\ \diagdown \\ Br \end{array} C = C \begin{array}{c} CN \\ \diagup \\ Cl \end{array}$$

(c)
$$\begin{array}{c} H \\ \diagdown \\ CH_3 \end{array} C = C \begin{array}{c} CH_3 \\ \diagup \\ COOH \end{array}$$

(d)
$$\begin{array}{c} HOCH_2 \\ \diagdown \\ H \end{array} C = C \begin{array}{c} CH_3 \\ \diagup \\ CH_2CH_2CH = C \diagdown \end{array} \begin{array}{c} CH_3 \\ \\ CH_3 \end{array}$$

[解答・解説]

以下のとおりである.　で囲んだほうが優先順位が高い.

(a)
$$\begin{array}{c} \boxed{Cl} \\ \diagdown \\ CH_3 \end{array} C = C \begin{array}{c} H \\ \diagup \\ \boxed{CH_3} \end{array}$$
E

(b)
$$\begin{array}{c} Cl \\ \diagdown \\ \boxed{Br} \end{array} C = C \begin{array}{c} CN \\ \diagup \\ \boxed{Cl} \end{array}$$
Z

(c)
$$\begin{array}{c} H \\ \diagdown \\ \boxed{CH_3} \end{array} C = C \begin{array}{c} CH_3 \\ \diagup \\ \boxed{COOH} \end{array}$$
Z

(d)
$$\begin{array}{c} \boxed{HOCH_2} \\ \diagdown \\ H \end{array} C = C \begin{array}{c} CH_3 \\ \diagup \\ \boxed{CH_2CH_2CH = C \begin{array}{c} CH_3 \\ CH_3 \end{array}} \end{array}$$
E

演習問題

問題 1　例題 2.15 と例題 2.16 の化合物を, 立体表示記号も含めて PIN で命名せよ.

問題 2　次の化合物を立体表示記号も含めて PIN で命名せよ.

(a)
$$\begin{array}{c} CH_3CH_2CH_2 \\ \diagdown \\ (CH_3)_2CH \end{array} C = C \begin{array}{c} CH_2Cl \\ \diagup \\ Cl \end{array}$$

(b)
$$HO-CH_2-[CH_2]_8 \begin{array}{c} \diagdown \\ H \end{array} C = C \begin{array}{c} H \\ \diagup \\ H \end{array} C = C \begin{array}{c} CH_2CH_2CH_3 \\ \diagup \\ H \end{array}$$

(c)
$$\begin{array}{c} Br \; H \\ CH_3 - C - C - CH_3 \\ HO \; H \end{array}$$

(d)
$$\begin{array}{c} HO \; H \\ HOOC - C - C - COOH \\ HO \; H \end{array}$$

(e)
$$CH_3 - \overset{NH_2}{\underset{}{C}} - H \; (\text{phenyl})$$

2.9　複　素　環

　環にヘテロ原子を含むものを, **複素環**という. 炭素環化合物と同様に, 複素環
にも脂肪族化合物と芳香族化合物がある. IUPAC 命名法では, 脂肪族か芳香族

かにかかわらず，環を構成する原子数（員数という）と元素をもとに命名する．
ただし，複素環には慣用名をもつものが多く，そのなかで PIN としても認めら
れているものもある．

2.9.1　複素環の名称

　三員環から十員環までの環にヘテロ原子を含む単環化合物の体系名は，
Hantzsch–Widman 命名法により，ヘテロ原子の種類を示す表 2.28 の接頭語と，
環の大きさと水素化の程度を示す表 2.29 の語幹とを組み合わせて命名する．接
頭語と語幹を組み合わせるとき，英語の名称では，あとの語が母音で始まるとき
は接頭語の末尾の a を省略し，日本語の名称では，表 2.8 の字訳規準表に従う．
例えば酸素を 1 個含む飽和五員環は，英語の名称では"oxa + olane"で接頭語の

表 2.28　複素環のヘテロ原子の種類を示す接頭語（一部）*

元素	原子価	接頭語	
O	Ⅱ	oxa	オキサ
S	Ⅱ	thia	チア
N	Ⅲ	aza	アザ
P	Ⅲ	phospha	ホスファ
Si	Ⅳ	sila	シラ

＊　先に記載されているものがより上位である．

表 2.29　複素環の環の大きさと水素化の状態を表す語幹（一部）

環の大きさ	不飽和	飽和	環の大きさ	不飽和	飽和
3	irene / irine *1 イレン / イリン	irane / iridine *2 イラン / イリジン	6C （P など）	inine イニン	inane イナン
4	ete エト	etane / etidine *2 エタン / エチジン	7	epine エピン	epane エパン
5	ole オール	olane / olidine *2 オラン / オリジン	8	ocine オシン	ocane オカン
6A （O, S など）	ine イン	ane アン	9	onine オニン	onane オナン
6B （N, Si など）	ine イン	inane イナン	10	ecine エシン	ecane エカン

＊1　N 原子のみを含む場合は irine を使う．
＊2　N 原子を含む環の場合は iridine, etidine, olidine を使う．

語尾の a を省略して "oxolane" となり，日本語の名称では "オキソラン" とな
る．位置番号はヘテロ原子に 1 をつける．

　同じヘテロ原子が 2 個以上あるときは，表 2.28 の接頭語の前に di（ジ），tri
（トリ）などの倍数接頭語を置くことによって示す．位置番号はヘテロ原子の一
方を 1 として，他方が最小の位置番号をもつようにする．倍数接頭語の末尾の a
は，表 2.28 の接頭語が a や e で始まるときは省略する．異なるヘテロ原子があ
るときは，表 2.28 で上位にあるヘテロ原子に位置番号 1 をつけ，あとは全ヘテ
ロ原子になるべく小さい位置番号をつけ，次に不飽和結合の位置がなるべく小さ
くなるように割り当てる．表 2.28 の接頭語の間で母音字が続くときは，接頭語
の末尾の a を省略する．これらの日本語の名称では，複合名の字訳通則に従い，
省略された a があるものとして字訳する．

　例：

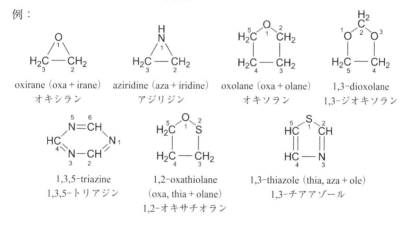

oxirane（oxa + irane）　　aziridine（aza + iridine）　　oxolane（oxa + olane）　　1,3-dioxolane
　オキシラン　　　　　　　アジリジン　　　　　　　　オキソラン　　　　　　1,3-ジオキソラン

1,3,5-triazine　　　　1,2-oxathiolane　　　　1,3-thiazole（thia, aza + ole）
1,3,5-トリアジン　　　（oxa, thia + olane）　　　1,3-チアアゾール
　　　　　　　　　　1,2-オキサチオラン

複素環の慣用名で PIN として使用できるものを図 2.12 に示す．

　2.6.6 項で述べたように，記号 *H* は指示水素と呼ばれる．複素環や縮合環で，
環を構成する原子をすべて共役二重結合で結ぶと，多重結合に関与しない原子が
存在することがあり，その位置の違いで異性体が生じる．この位置の原子に水素
が結合している場合に，名称のなかに該当する原子の位置を示して異性体を区別
することができる．そこで，化合物の名称の前に，該当する原子の位置番号と記
号 *H* を加える．以下に例を示す．

　例：

1*H*-pyrrole　　　　　　　　3*H*-pyrrole
1*H*-ピロール　　　　　　　　3*H*-ピロール

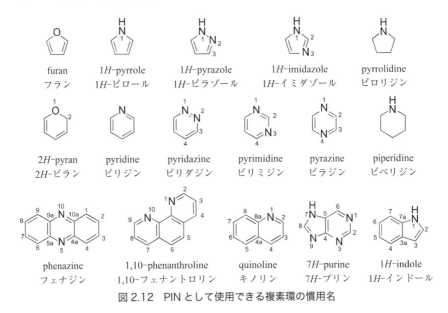

図 2.12　PIN として使用できる複素環の慣用名

1*H*-pyrrole では 1 位の窒素に水素があり，2〜5 位の炭素も 1 個ずつ水素をもつ．二重結合は 2 位と 4 位の位置にあり共役二重結合を形成している．この二重結合の位置が異なるのが 3*H*-pyrrole で，二重結合は 1 位と 4 位の位置にある．この場合は 1 位の窒素に水素はなく，2〜5 位の炭素に 1 個ずつの水素があるのに加えて，二重結合に関与しない 3 位の炭素にもう 1 個あり，合わせて 2 個の水素がある．すなわち，1*H*-pyrrole も 3*H*-pyrrole も，二重結合に関与しない原子には，二重結合がある場合に比べて 1 個多い水素をもち，これを指示水素という．指示水素がある場合は，不飽和結合や特性基よりも優先してその指示水素をもつ原子が最小位置番号をもつようにする．

　複素環から誘導される一価の基の名称は，原則的に炭化水素と同様に，化合物の名称の e を yl に換え，遊離原子価の位置番号を接尾語の直前につけて命名する．

例：

［例題 2.17］　表 2.28 と表 2.29 を参考にして，次の複素環を PIN で命名せよ．

(a) (b) H N ▽ (c) (d) H N O

［解答・解説］

(a) oxetane　オキセタン（oxa + etane より）　(b) 1*H*-azirine　1*H*-アジリン（aza + irine より）　(c) 1,4-dioxine　1,4-ジオキシン（di + oxa + ine より）　(d) 1,3-oxazinane 1,3-オキサアジナン（oxa, aza + inane より）

※ 六員環の語幹は環中で優位性がもっとも低いヘテロ原子が属する群を選ぶ．

2.9.2　特性基を含む複素環化合物の名称

　有機化学命名法において，**複素環は炭化水素と同じように母体化合物として扱われる**．すなわち，特性基を含む複素環を置換命名法で命名するには，炭化水素を母体化合物とした場合と同じように表 2.5 の優先順位に従い，複素環の名称に特性基の接尾語や接頭語をつける．

例：

2,2′-bipyridine
2,2′-ビピリジン

2,3′-bifuran
2,3′-ビフラン

quinolin-8-ol
キノリン-8-オール

pyridine-3-carboxylic acid
ピリジン-3-カルボン酸
nicotinic acid（GIN）　ニコチン酸

3-anilinopyridine
3-アニリノピリジン

furan-2-carboxamide
フラン-2-カルボキシアミド

pyridine-2,6-dicarbaldehyde
ピリジン-2,6-ジカルボアルデヒド

［例題 2.18］　次の化合物を PIN で命名せよ．

(a) O Br (b) CH₃ N (c) N NH₂ (d)

(e) H N CH₂NH₂ (f) Cl N N

[解答・解説]

（a）2-bromofuran 2-ブロモフラン （b）1-methyl-1*H*-pyrrole 1-メチル-1*H*-ピ
ロール ※1位のNに水素はないが，"1*H*-ピロール"のように異性体を区別するため
の指示水素とその位置番号は，PINにおいて省略せずに明記する．（c）pyridin-2-
amine ピリジン-2-アミン （d）2,4-dichloro-6-methoxy-1,3,5-triazine 2,4-ジクロ
ロ-6-メトキシ-1,3,5-トリアジン ※ 接頭語になる置換基をアルファベット順に並
べ，位置番号が最小になるようにする．（e）(piperidin-2-yl)methanamine （ピペリ
ジン-2-イル)メタンアミン ※ 主特性基のアミンが結合しているメタンが母体化合物
になる．（f）5-chloro-1,10-phenanthroline 5-クロロ-1,10-フェナントロリン

演習問題

問題 1　分子式 $C_3H_3N_3$ の六員環複素環化合物の構造式と PIN をかけ．

問題 2　表 2.28 と表 2.29 を参考にして，次の複素環化合物を PIN で命名せよ．

問題 3　次の化合物を PIN で命名せよ．

2.10　天然物および関連化合物

　天然物および関連化合物は有機化合物であるが，2013勧告ではPINを認定
していないので注意が必要である．天然物および関連化合物には炭素数が多かっ
たり，不斉炭素原子が複数個あったりして複雑な構造をもつ物質が多く，これま
で述べてきた体系的命名法などに従って命名すると長く煩雑になる．これに加え
て共通の構造をもつ化合物同士の類似性を示すために，特定の母体構造の慣用名
などをもとにした半体系名で化合物名を組み立てる命名法も使用されている．

　天然物および関連化合物の命名で使用される半体系的母体構造には，母体水素

化物と官能性母体化合物の二つのタイプがある．母体水素化物は，表 2.3 などに
示す特性基をもたず，骨格原子および水素原子のみで構成される構造で，ステロ
イド，テルペン，カロテン，アルカロイドなどの命名に使用されている．官能性
母体化合物は，酢酸やフェノールのように表 2.3 などに示す特性基をもち，慣用
名の中に特性基の存在が示されている構造で，アミノ酸，炭水化物，ヌクレオチ
ド，脂質などの命名に使用されている．

　これらの天然物および関連化合物のうち，ペプチドやタンパク質の構成要素で
ある α-アミノ酸の例を表 2.30 に示す．アミノ酸には慣用名のほかに，置換命名
法を適用した体系的置換名が与えられる．いずれも正式の IUPAC 名である．こ
のほかの天然物および関連化合物の命名に関して，詳しくは文献[2]を参照された
い．

表 2.30　α-アミノ酸の名称[*]

式	名　称	
	慣用名	体系名
$CH_3-CH(NH_2)-COOH$	alanine アラニン	2-aminopropanoic acid 2-アミノプロパン酸
$H_2N-CO-[CH_2]_2-CH(NH_2)-COOH$	glutamine グルタミン	2,5-diamino-5-oxopentanoic acid 2,5-ジアミノ-5-オキソペンタン酸
$HOOC-[CH_2]_2-CH(NH_2)-COOH$	glutamic acid グルタミン酸	2-aminopentanedioic acid 2-アミノペンタン二酸
H_2N-CH_2-COOH	glycine グリシン	aminoacetic acid アミノ酢酸
$H_2N-[CH_2]_4-CH(NH_2)-COOH$	lysine リシン	2,6-diaminohexanoic acid 2,6-ジアミノヘキサン酸
$C_6H_5-CH_2-CH(NH_2)-COOH$	phenylalanine フェニルアラニン	2-amino-3-phenylpropanoic acid 2-アミノ-3-フェニルプロパン酸
$HO-CH_2-CH(NH_2)-COOH$	serine セリン	2-amino-3-hydroxypropanoic acid 2-アミノ-3-ヒドロキシプロパン酸

[*]　立体表示記号は省略．

第3章

無機化学命名法

　有機化合物は一酸化炭素，二酸化炭素，炭酸塩などを除く炭素化合物の総称で，炭素以外には水素，酸素，窒素，リン，硫黄，ハロゲンなど比較的少ない数の元素から構成されている．一方，無機化合物は有機化合物を除くすべての化合物ということができ，周期表に登場するほぼすべての元素が関与する化合物を取り扱う．そのため無機化合物の命名法は，どうしても個別的にならざるを得ず，化合物の種類によって置換命名法や付加命名法を使い分ける必要がある．そこで本章では，3.1 節で元素の分類を確認したのち，3.2 節以降で水素化物，二元化合物，オキソ酸といった種類別に命名法を解説する．

3.1　元素と周期表

3.1.1　周期表の構成と元素の分類

　元素周期表は本書の表紙裏に示した．

　同族元素（congener，周期表で同一の族に分類される元素）に統括的な名称を与えると便利である．例えば，1 族の元素全体をアルカリ金属と呼ぶ．そのような族に対する名称のうち重要なものを以下に示す．

1 族：**アルカリ金属**（alkali metal）［Li, Na, K, Rb, Cs, Fr］

2 族：**アルカリ土類金属**（alkaline earth metal）［Be, Mg, Ca, Sr, Ba, Ra］[*1]

3 族の第 6 周期元素：**ランタノイド**（lanthanoid）［La, Ce, Pr, Nd, Pm, Sm, Eu,

---

[*1]　この定義は IUPAC 2005 勧告に基づくものであるが，我が国のほとんどの高等学校の教科書では Ca 以下の元素をアルカリ土類金属としている．

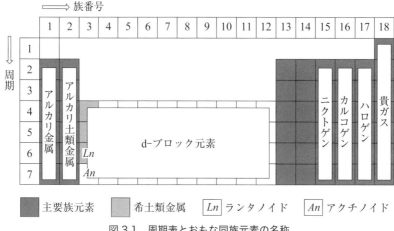

図 3.1　周期表とおもな同族元素の名称

Gd, Tb, Dy, Ho, Er, Tm, Yb, Lu〕

3 族の第 4〜6 周期元素：**希土類金属**（rare earth metal）〔Sc, Y, ランタノイド〕

3 族の第 7 周期元素：**アクチノイド**（actinoid）〔Ac, Th, Pa, U, Np, Pu, Am, Cm, Bk, Cf, Es, Fm, Md, No, Lr〕

3〜12 族の第 4〜7 周期元素：**d ブロック元素**（d-block element）または遷移元素（transition element）[*2].

1, 2 族および 13〜18 族元素：**主要族元素**（main group element）[*3]．ただし，主要族元素には原子番号 1 番の水素は含めない.

[*2]　ただし，12 族元素（Zn, Cd, Hg）を遷移元素には入れないとする書籍もある．本書では 12 族元素も遷移元素としている．理由については 3.5.1 項のコラムで述べる.

[*3]　高等学校の教科書やかなりの数の大学レベルの書籍では遷移元素以外のすべての元素に**典型元素**という言葉を当てている．しかし，この言葉をうっかり typical element という言葉に訳すと，国際的にまったく通用せず，別な意味の言葉になってしまう．typical element はメンデレーエフが同族元素を代表する元素という意味で導入したもので，H, Li, Be, B, C, N, O, F の 8 元素を指していた．彼は後にこの定義を広げて Na から Cl までの 7 元素も typical element に加えた．この言葉が提案された当時，貴ガスはまだ発見されていなかったので，He, Ne などは typical element に含まれない．欧米の化学界では typical element といえばメンデレーエフが定義した言葉に限定されているため，教科書などにはほとんど出てこない言葉である．このため，typical element は日本で使われている典型元素とは全く異なる意味をもっていることに注意する必要がある．我が国で使われている典型元素を英訳するとすれば，typical element ではなくて，non-transition element（非遷移元素），または main group element（主要族元素．ただし，この場合，H は含まれない）としなければならない.

15 族：**ニクトゲン**（pnictogen）または**ニコゲン**（pnicogen）［N, P, As, Sb, Bi, Mc］

16 族：**カルコゲン**（chalcogen）［O, S, Se, Te, Po, Lv］

17 族：**ハロゲン**（halogen）［F, Cl, Br, I, At, Ts］

18 族：**貴ガス**（noble gas）［He, Ne, Ar, Kr, Xe, Rn, Og］

3.1.2　元　素　名

　日本語の元素名を見ると，水素，硫黄，銀などの漢字名称，ヘリウム，ナト，リウムなどのカタカナ名称およびケイ素，ヨウ素などの漢字・カナ混じり名称があり，案外複雑である.

　元素の漢字名称は日本で古くから使われてきたもの（もちろん，昔は元素という概念があったわけではない）と江戸時代末期に宇田川榕庵などの蘭学者がオランダ語から翻訳した元素名（酸素，窒素など）である. ホウ素，ヒ素など漢字・カナ混じり元素名は硼素，砒素などの難しい漢字の一部を近年になってカナにしたものである. なお，周期表に記載されているカタカナ表記の元素名はその大部分が IUPAC の元素名（英語）を字訳基準に従ってカタカナ書きにしたものである.

　カタカナ表記の元素名には英語表記の元素名の字訳に合致しないものが含まれている. 例えば，元素記号 Na，K，U の日本語名はそれぞれナトリウム，カリウム，ウランである. 英語表記は sodium，potassium，uranium であるが，これらの日本語名はドイツ語などの元素名に由来している. これらの日本語名はすでに長年にわたって使われ，定着しているとして英語の字訳名にはなっていない. また，原子番号 94 のプルトニウム以降の元素はほとんどすべて人工的につくり出された元素で，有名な科学者名や新元素を合成した研究所の所在地名などにちなんでいる. これらの元素名に杓子定規に字訳規準を適用すると，もとの名称とかけ離れた日本語になりかねない. 例えば，99 番元素 einsteinium（$_{99}$Es）の英語名は科学者の Einstein にちなんでいるが，字訳規準をそのまま適用するとエインステイニウムとなって，アインシュタインに由来していることがわかり難くなってしまう. このため，この元素の日本語名はアインスタイニウムになっている.

演習問題

問題 1　①から⑧に与えた元素を，周期表の族に対して与えられている統括的な名称（A）から（D）のどれに属するのか帰属せよ.

　① Ca　② K　③ Mg　④ P　⑤ Rb　⑥ S　⑦ Sb　⑧ Te

　（A）アルカリ金属　（B）アルカリ土類金属　（C）ニクトゲン　（D）カルコゲン

問題2　周期表には Na, K, U の場合のように, カタカナ表記の元素名が英語名を字訳した元素名と合致しないものが含まれている. Na, K, U 以外にどんな元素があるか調べよ.

3.2　主要族元素の水素化物

3.2.1　水素化物の分類

a. 水素化物の種類と性質

　表 3.1 に主要族元素の水素化物をまとめる.

　塩化物, 酸化物といえば, 塩化物イオンや酸化物イオン, もしくは少なくとも負に分極した塩素や酸素を含む化合物のことである. 一方で表 3.1 を見ると, 水素化物といっても上に述べた塩化物, 酸化物とはかなり様子が異なることに気づくはずである. 例えば, NaH は Na^+H^- と表現するのが適切な**塩型水素化物**である. 13〜17 族の水素化物は**分子性水素化物**であるが, H_2O や HCl などでは水素は負に分極しているどころか, 正に分極している. したがって, 金属原子と結合している水素の酸化数は $-I$, 非金属元素と結合している水素の酸化数は I とする. すなわち, 水素だけは水素化物といっても単に, "水素の化合物"と同じ意味で使われている. なお, 1 族と 2 族の水素化物は Li, Be および Mg を除いて塩型水素化物で, LiH, BeH_2 および MgH_2 は金属-水素結合にかなりの共有結合性がある.

表 3.1　主要族元素の水素化物

1 族	2 族	13 族	14 族	15 族	16 族	17 族
LiH	BeH_2	B_mH_n	C_mH_n	NH_3 N_2H_4	H_2O H_2O_2	HF
NaH	MgH_2	AlH_3	Si_nH_{2n+2}	PH_3 P_2H_4	H_2S H_2S_n	HCl
KH	CaH_2	GaH_3	Ge_nH_{2n+2}	AsH_3	H_2Se	HBr
RbH	SrH_2	InH_3	Sn_nH_{2n+2}	SbH_3	H_2Te	HI
CsH	BaH_2	TlH_3	Pb_nH_{2n+2}	BiH_3	–	–

b. 単核の水素化物の名称

　単核の水素化物の体系名を表 3.2 にまとめて示す．これら水素化物を母体水素化物と呼び，その名称は主要族化合物の体系名を導き出すもととなる．

表 3.2　13〜17 族元素の単核母体水素化物の体系名

13 族	14 族	15 族	16 族	17 族
BH_3 borane ボラン	CH_4 methane メタン	NH_3 azane アザン（アンモニア[*1]）	H_2O oxidane オキシダン（水[*1]）	HF fluorane フルオラン
AlH_3 alumane アルマン	SiH_4 silane シラン	PH_3 phosphane ホスファン	H_2S [*2] sulfane スルファン	HCl chlorane クロラン
GaH_3 gallane ガラン	GeH_4 germane ゲルマン	AsH_3 arsane アルサン	H_2Se selane セラン	HBr bromane ブロマン
InH_3 indigane インジガン	SnH_4 stannane スタンナン	SbH_3 stibane スチバン	H_2Te tellane テラン	HI iodane ヨーダン
TlH_3 thallane タラン	PbH_4 plumbane プルンバン	BiH_3 bismuthane ビスムタン	H_2Po polane ポラン	HAt astatane アスタタン

[*1]　慣用名　　[*2]　慣用名の hydrogen sulfide（硫化水素）も使用が許容されている

3.2.2　17 族（ハロゲン）の水素化物と擬ハロゲン化物イオン

　表 3.2 に 13〜17 族元素の**単核母体水素化物**の体系名を示したが，ハロゲンの水素化物 HX（X = F, Cl, Br, I, At）の名称そのものにフルオラン，クロランなどは使わない．ここに掲載されているフルオランなどの名称は HX に置換命名法を適用する際に使われる名称である．ハロゲンの水素化物そのものに対しては表 3.3 に示した名称が使われている．

　HX を水に溶解すると，酸性の水溶液が得られる．この水溶液には表 3.3 に示す名称が与えられている．なお，ハロゲン化物イオンに関連する**擬ハロゲン化物イオン**と名づけられたイオンが知られている．擬ハロゲン化物イオンは一般に Ag^+ などと難溶性の塩を生じ，酸化すると $(X)_2$[*4] を与えるなどハロゲン化物イ

[*4]　N_3^- は酸化しても $(N_3)_2$ にはならない．

表3.3 ハロゲンの水素化物および関連する物質の名称

HX	HX の名称	HX 水溶液の名称	ハロゲン化物 イオン（X^-）の名称
HF	hydrogen fluoride フッ化水素	hydrofluoric acid フッ化水素酸	fluoride フッ化物イオン
HCl	hydrogen chloride 塩化水素	hydrochloric acid 塩酸	chloride 塩化物イオン
HBr	hydrogen bromide 臭化水素	hydrobromic acid 臭化水素酸	bromide 臭化物イオン
HI	hydrogen iodide ヨウ化水素	hydroiodic acid ヨウ化水素酸	iodide ヨウ化物イオン

表3.4 擬ハロゲン化物イオンの例

擬ハロゲン化物イオン	名　称	
CN^-	cyanide	シアン化物イオン
OCN^-	cyanate	シアン酸イオン
SCN^-	thiocyanate	チオシアン酸イオン
N_3^-	azide	アジ化物イオン

オンと性質が似ている．擬ハロゲン化物イオンの例を表3.4に示す．これらのイオンは後述する錯体の配位子として重要である．

演習問題

問題1　次の化合物の英語名および日本語名を示せ．
(a) H_2　(b) AlH_3　(c) PH_3　(d) HI　(e) SnH_4

問題2　次の化合物中の下線を付した原子の酸化数を答えよ．
(a) $\underline{Al}H_3$　(b) $\underline{Ca}H_2$　(c) $OC\underline{N}^-$

3.2.3　13族元素の水素化物

a. ホウ素の水素化物

　通常，13族以降の元素の水素化物ならびに関連化合物の名称には置換命名法が適用される．すなわち，有機化合物に準じた命名をすればよいことになる．したがって，例えば Cl，Br，OH 置換基の名称は chloro（クロロ），bromo（ブロモ），hydroxy（ヒドロキシ）となる．ルイス酸としてよく使われる BX_3（X＝F，

Cl, Br, I）は，例えば BCl_3 であれば boron trichloride（三塩化ホウ素）あるいは trichloroborane（トリクロロボラン）という．

表 3.2 には 13 族の化合物として borane（ボラン）BH_3 が掲載されている．しかし，BH_3 は安定な分子としては存在せず，もっとも簡単なボランは diborane（ジボラン）B_2H_6（**1**）である．

1

この分子の左右四つの B–H 結合は通常の 2 中心 2 電子結合であるが，中央部にある二つの B–H–B 結合は 3 中心 2 電子結合で，B–H の結合次数は 0.5 である．

BH_3 が分子として存在すると，ホウ素の原子価電子 3 個と三つの H 原子から各 1 電子を合わせても 6 電子しかない（このような分子を**電子不足化合物**という．上に示した **1** も電子不足化合物である）が，ルイス塩基を反応させるとルイス塩基の非共有電子対を受け入れてオクテットを完成し安定化する．この例として $BH_3 \cdot NMe_3$ や $BH_3 \cdot EtOEt$ などが知られている（$Me = CH_3$，$Et = C_2H_5$）.

ボラン類には非常に多くの化合物群があるが，分子量の小さいものはきわめて反応性が高く，空気（中の酸素）にふれるとただちに発火するものが多い．ボラン類を最初に合成したのはドイツの A. Stock で，一般式 B_nH_{n+4} で表される *nido* 型（**ニド型**）および B_nH_{n+6} で表される *arachno* 型（**アラクノ型**）と呼ばれる二系列のボラン類を合成した．彼は水素化ケイ素の最初期の研究者で，Si_2H_6 および Si_2ClH_5 をそれぞれ disilane（ジシラン），chlorodisilane（クロロジシラン）と名づけ，我々が現在使っている体系的な化合物命名法のもとを考案した化学者の一人である．ここに述べた微量の酸素や湿気にも反応してしまう反応性の高い物質を取り扱う真空ライン操作法（vacuum line technique）の開発者でもあり，この操作法は現在も化学研究上不可欠な操作法である．

その後，ボラン類の研究はさらに発展し，*closo* 型（**クロソ型**）ボランなども得られている．図 3.2 に *closo* 型ボランの例をいくつか示したが，いずれも 2− の電荷をもつボランで，$[B_nH_n]^{2-}$ の組成をもったかご状の三角多面体構造をとる．すでに述べたように，*nido* 型は（電荷をもたないものでは）B_nH_{n+4}，*arachno* 型は（電荷をもたないものでは）B_nH_{n+6} という組成となる．表 3.5 に各種ボランの型と例を示した．これらボランの型とボランの電子数との関係は多く

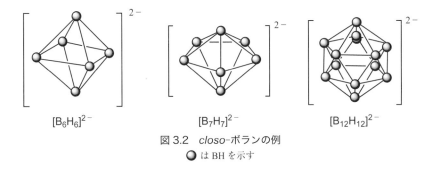

$[B_6H_6]^{2-}$ $\qquad$ $[B_7H_7]^{2-}$ $\qquad$ $[B_{12}H_{12}]^{2-}$

図 3.2 *closo*-ボランの例

◯ は BH を示す

表 3.5 ボラン類の構造と例

構造	例
closo	$B_6H_6^{2-}$, $B_7H_7^{2-}$, $B_8H_8^{2-}$, $B_{10}H_{10}^{2-}$, $B_{11}H_{11}^{2-}$, $B_{12}H_{12}^{2-}$
nido	B_2H_6, B_5H_9, B_6H_{10}, B_8H_{12}, $B_{10}H_{14}$, $B_4H_7^-$, $B_5H_8^-$
arachno	B_4H_{10}, B_5H_{11}, B_6H_{12}, B_9H_{15}, $B_3H_8^-$, $B_4H_9^-$, $B_{10}H_{15}^-$, $B_{10}H_{14}^{2-}$

の場合，Wade's rule（Wade 則）と呼ばれる電子則で上手く説明できる[4]が，ここでは省略する.

　電荷をもたないボラン類の命名は非常に単純である．まず，ホウ素の原子数を倍数接頭語で与え，ボランと書き，そのあとに水素原子数を括弧で囲って示す．例えば，B_2H_6 は diborane(6)（ジボラン(6)），B_4H_{10} であれば *arachno*-tetraborane(10)（*arachno*-テトラボラン(10)）となる.

$$B_4H_{10} : \textit{arachno}\text{-tetra} \,|\, \text{borane}(10)$$
　　　　　　　　構造型　　Bの数　　Hの数

[例題 3.1]　次の化合物の名称を英語および日本語で示せ.

(a) B_2H_6　(b) *nido*-B_6H_{10}　(c) *arachno*-B_9H_{15}　(d) HB(OH)$_2$　(e) H_2B(OH)

(f) BF$_3$

[解答・解説]

(a) diborane(6)　ジボラン(6)　(b) *nido*-hexaborane(10)（= *nido*-hexa|borane(10)）*nido*-ヘキサボラン(10)　(c) *arachno*-nonaborane(15)　*arachno*-ノナボラン(15)

(d) dihydroxyborane（= di|hydroxy|borane）ジヒドロキシボラン．boronic acid（ボ

ロン酸）という慣用名も使われている．　(e) hydroxyborane　ヒドロキシボラン．
borinic acid（ボリン酸）という慣用名も使われている．　(f) boron trifluoride（＝boron
tri│fluoride）　三フッ化ホウ素（組成命名法．英名は陽性部分と陰性部分の2語）また
は trifluoroborane（＝tri│fluoro│borane）　トリフルオロボラン（置換命名法）

b.　ホウ素以外の13族元素（アルミニウム，ガリウム，インジウム，タリウム）の水素化物

ホウ素以外の13族元素の水素化物にも置換命名法が用いられる．例えば，
AlH_3 および $AlMe_3$ の名称はそれぞれ alumane（アルマン）および trimethylal-
umane（トリメチルアルマン）となる．また，$GaClMe_2$ および $InMe_3$ の名称は
それぞれ chlorodimethylgallane（クロロジメチルガラン）および trimethylindi-
gane（トリメチルインジガン）となる．

演習問題

問題1　次の化合物の化学式を示せ．
　(a) *nido*-decaborane(14)　(b) ヒドロキシジメチルボラン　(c) エチルジヒドロキシ
ボラン
問題2　次の化合物の化学式を示せ．
　(a) トリエチルアルマン　(b) クロロアルマン　(c) トリメチルタラン

3.2.4　14～16族元素の水素化物

a.　ケイ素，ゲルマニウム，スズ，鉛の水素化物

炭素以外の14族元素も14族の代表格である炭素と同様，**多核水素化物**をつ
くることができる．したがって，置換命名法を適用するのにふさわしい元素群で
ある．
よく知られたケイ素の多核化合物に silicone（**シリコーン**）がある．dichloro-
dimethylsilane（ジクロロジメチルシラン）$SiCl_2Me_2$ はシリコーンの重要な原料
である．$SiCl_2Me_2$ をベンゼンなどの有機溶媒に溶かし，水を添加すると加水分
解を起こして dimethylsilanediol（ジメチルシランジオール）$SiMe_2(OH)_2$ が生成
する．

$$SiCl_2Me_2 + 2\,H_2O \longrightarrow SiMe_2(OH)_2 + 2\,HCl$$

この物質は脱水縮合を繰り返してケイ素のポリマーであるシリコーンを与える．

$$H{-}\left[{-}O{-}\underset{Me_2}{Si}{-}O{-}\right]_n OH$$

ただし，このシリコーンは両末端にヒドロキシ基をもつので，このままでは重合反応がさらに進むことになる[*5]．そこで，実際はポリマーの両末端にトリメチルシリル基を導入してポリマー鎖を目的に合った長さで止まるように調整している．

$$Me_3Si\left[{-}O{-}\underset{Me_2}{Si}{-}O{-}\right]_n SiMe_3$$

このように主鎖（この例では $(SiO)_n$）に炭素原子を含まない高分子化合物を無機高分子と呼ぶ．シリコーンの $-O-SiR_2-$ 結合を siloxane（シロキサン）結合という．siloxane は Si(sila) ＋ O(oxa) ＋ 化合物の語尾を意味する(ne)を組み合わせた名称である．例えば，SiH_3OSiH_3 は disiloxane（ジシロキサン），$SiMe_3OSiMe_3$ は hexamethyldisiloxane（ヘキサメチルジシロキサン）と呼ぶ．ジシロキサンは Si を C に置き換えればメトキシメタンであるから，エーテルのケイ素類縁体ということになる．

有機化合物には安定な炭素-炭素二重結合や三重結合をもつ化合物が多数知られており，これが多彩な有機化合物を形成する原因の一つといえる．しかし，ケイ素-ケイ素多重結合化合物はほとんど知られていない．これはケイ素原子が炭素原子に比べて大きいために原子間の軌道の重なりがよくないからであり，多重結合は水や酸素などの攻撃を容易に受けるのである．しかし，ケイ素-ケイ素二重結合化合物（disilene（ジシレン）） **2** がついに 1981 年に，ケイ素-ケイ素三重結合化合物（disilyne（ジシリン）） **3** が 2004 年に合成された．

2 や **3** が合成できたのは，かさ高い置換基をケイ素原子上に導入して反応性の高い多重結合を保護したからである．この立体保護の原理を使って今ではゲルマニウム原子間，スズ原子間，あるいは鉛原子間に多重結合をもつ化合物がすべて合成されている．

＊5 実際には，ここに示したような直鎖状の重合体だけでなく，環状化合物も生成する．

b. 窒素，リン，ヒ素，アンチモン，ビスマスの水素化物

窒素の水素化物として重要なものにアンモニア NH_3, hydrazine（ヒドラジン）NH_2NH_2, hydrogen azide（アジ化水素）HN_3 がある．また，水素化物とはいえないが，関連化合物として hydroxylamine（ヒドロキシルアミン）NH_2OH をあげることができる．

リンの水素化物としては直鎖状の P_nH_{n+2}（$n = 1 \sim 9$）や環状の化合物が知られている．PH_3, P_2H_4, P_3H_5 の名称はそれぞれ phosphane（ホスファン），diphosphane（ジホスファン），triphosphane（トリホスファン）となる．これらはいずれも熱的に安定ではない．しかし，PMe_3 や PPh_3（$Ph = C_6H_5$）などの有機リン化合物ははるかに安定で，配位子として重要である．また，有機ヒ素化合物にも重要な配位子があり，リンおよびヒ素を含むいくつかの配位子の名称が後述する配位子の略号表（表3.15）に掲載されている．

13族元素の単核水素化物（BH_3, AlH_3, GaH_3, InH_3, TlH_3）の水素の数はすべて3であり，これを**標準結合数**という．14, 15, 16, 17族の標準結合数はそれぞれ4, 3, 2, 1である．しかし，例えばリンの水素化物には PH や PH_5 という水素化物が知られている．このような**非標準結合数**をとる水素化物を示すため，ラムダ（λ）という記号が使われる．すなわち，PH は λ^1-phosphane（λ^1-ホスファン），PH_2 は λ^2-phosphane（λ^2-ホスファン），PH_5 は λ^5-phosphane（λ^5-ホスファン）となり，PH_3 は単にホスファンと呼ぶ．硫黄の水素化物には sulfane（スルファン）H_2S のほかに例えば，H_6S が知られている．この化合物の名称は λ^6-sulfane（λ^6-スルファン）となる．

アセチレン（エチン）は直線状分子だが，$R-Si \equiv Si-R$ は曲がっている

disilene（ジシレン）$SiH_2 = SiH_2$ や disilyne（ジシリン）$HSi \equiv SiH$ は不安定で単離することはできない．本文で述べたようにかさ高い置換基を導入することで安定化することができ，**2** や **3** の単離が成功した．ところで，アセチレン $HC \equiv CH$ は直線状の分子である．化合物 **3** の $Si-Si \equiv Si-Si$ は X 線構造解析の結果，直線状ではなく，折れ曲がっていることがわかった．炭素-炭素間の多重結合で常識と思っていたことが第3周期以下の原子間多重結合では通用しなくなるのである．

> 母体水素化物の結合数表示：λ^n
> PH_5：λ^5-phosphane,　H_6S：λ^6-sulfane

　リン–リン二重結合化合物も立体保護の原理で 1981 年に合成された．母体の水素化物 HP=PH は diphosphene（ジホスフェン）である．

c. 酸素，硫黄の水素化物

　酸素の水素化物 H_2O の名称は oxidane（オキシダン）［体系名］，water（水）［慣用名］である．ほかに H_2O_2 があり，dioxidane（ジオキシダン）［体系名］，hydrogen peroxide（過酸化水素）［慣用名］である．

　硫黄の水素化物 HS_nH（$n = 1, 2, \cdots\cdots$）は H_2S が sulfane（スルファン），H_2S_2，H_2S_3 がそれぞれ disulfane（ジスルファン），trisulfane（トリスルファン）という．実際には n が非常に大きなポリスルファンまで知られている．

演習問題

問題1　次の化合物の化学式を示せ．

(a) silane　(b) dimethylsilane　(c) dichlorodimethylsilane

(d) 1,2-dichloro-1,1,2,2-tetramethyldisilane　(e) trisilane　(f) tetramethylsilane

(g) cyclotrisilane

問題2　次の化合物を化学式で示せ．

(a) disiloxane　(b) hexamethylcyclotrisiloxane　(c) trichloromethylsilane

(d) dichloromethylsilane　(e) methyldisilane　(f) trimethylsilanol

(g) trimethylsilane　(h) octamethyltrisilane　(i) octamethylcyclotetrasilane

(j) tris(triphenylsilyl)silane　(k) disilene　(l) disilyne

問題3　次の化合物の名称を英語および日本語で示せ．

(a) GeH_3GeH_3　(b) $GeEtH_3$　(c) $GeClHMe_2$　(d) $GeH_2=GeH_2$　(e) SnH_2Me_2

(f) $SnMe_2=SnMe_2$　(g) $PbEt_4$

問題4　次の化合物の名称を英語および日本語で示せ．

(a) $AsMe_3$　(b) $Sb(C_6H_5)_3$　(c) $BiEt_3$

問題5　次の化合物の名称を英語および日本語で示せ．

(a) P_4H_6　(b) H_2S_4　(c) H_2Se_2　(d) H_2Te

問題6　次の化合物の化学式を示せ．

(a) dimethyl-λ^5-phosphane　(b) λ^5-arsane　(c) dichlorotriphenyl-λ^5-stibane

(d) $1\lambda^2,2\lambda^2,3\lambda^2$-triplumbane　(e) λ^2-stannane　(f) tetramethyl-λ^4-sulfane

3.3 二元化合物

3.3.1 化学式における元素の順位

NaClのようなイオン性二元化合物の化学式は，陽イオンを前に書いて陰イオンをあとに書く．二元化合物の化学式中でどちらの元素を先に書くかについては表3.6に示す**元素の順位**で決めることになっている．すなわち，この表の左側の一番下 Rn がもっとも電気陽性，右側の F がもっとも電気陰性と考え，2種の元素のどちらを先に書くかを決める．ただし，表3.6の順位は必ずしも電気陰性度の順にはなっていないことに留意する必要がある．この表は電気陰性度の表ではなく，あくまでも二元化合物の"書き順"を決めるための表である．

なお，上に述べた表記法に従えば，水酸化物イオン OH⁻ は HO⁻ と書かなければならない．しかし，OH⁻ という表記が古くから定着しているとして OH⁻ と書いても HO⁻ と書いてもよいことになっている．

3.3.2 二元化合物の名称

NaCl の英語は sodium chloride，日本語は塩化ナトリウムである．すなわち，英語では陽イオンが先，陰イオンがあとになるが，日本語では逆に陰イオンが先，陽イオンがあとにきて，塩化ナトリウムという．

表3.7に二元化合物に含まれるおもな陰イオンの英語および日本語の名称をまとめて示した．

とくに明確な陽イオンが存在しなくても英語の命名法では電気陽性な元素が先（日本語ではあと）という原則は維持される．

表 3.6　元素の順位

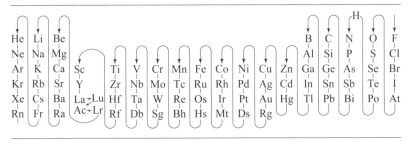

表3.7　二元化合物に含まれる陰イオンの名称

陰イオン	英語名称	日本語名称
As^{3-}	arsenide	ヒ化物イオン
B^{3-}	boride	ホウ化物イオン
Br^-	bromide	臭化物イオン
C^{4-}	carbide	炭化物イオン
	(methanide)	(メタン化物イオン)
C_2^{2-}	ethynediide	エチンジイドイオン
Cl^-	chloride	塩化物イオン
F^-	fluoride	フッ化物イオン
H^-	hydride	水素化物イオン
I^-	iodide	ヨウ化物イオン
I_3^-	triiodide(1−)	三ヨウ化物(1−)イオン
N^{3-}	nitride	窒化物イオン
N_3^-	azide	アジ化物イオン
O^{2-}	oxide	酸化物イオン
O_2^{2-}	peroxide	過酸化物イオン
O_2^-	superoxide	超酸化物イオン
O_3^-	ozonide	オゾン化物イオン
P^{3-}	phosphide	リン化物イオン
S^{2-}	sulfide	硫化物イオン
S_2^{2-}	disulfide	二硫化物イオン
Sb^{3-}	antimonide	アンチモン化物イオン
Se^{2-}	selenide	セレン化物イオン
Si^{4-}	silicide	ケイ化物イオン
Te^{2-}	telluride	テルル化物イオン

[例題 3.2]　次の化合物の英語名および日本語名を示せ.
(a) CO　(b) Na_2O　(c) P_4O_5

[解答・解説]

(a) CO　carbon monooxide または carbon monoxide　一酸化炭素（×一酸化　炭素）. 英語の名称では最初の元素には mono をつけない. このことに対応して日本語では一酸化炭素となる. 倍数接頭語の母音は省略できないが, monoxide のみ慣用として認められている.

(b) Na_2O　sodium oxide　酸化ナトリウム. 酸化物イオンは O^{2-} なのでナトリウムの数は自明なこととして, disodium oxide といわずに sodium oxide でよい. 曖昧さがある, あるいは誤解を生みそうなときは倍数接頭語をつけることに問題はない. ナト

リウムの酸化物にはほかに Na_2O_2　sodium peroxide　過酸化ナトリウム（過酸化物イオンは O_2^{2-}），NaO_2　sodium superoxide　超酸化ナトリウム，NaO_3　sodium ozonide オゾン化ナトリウム，などがある.

(c) P_4O_{10} tetraphosphorus decaoxide（= tetra|phosphorus deca|oxide）　十酸化四リン

[例題 3.3]　炭化カルシウムの化学式, 英語名および日本語名を示せ.

[解答・解説]

　日本語である炭化カルシウムの日本語名を示せという奇妙な問いであるが, これには理由がある. 炭化カルシウムの英語名は calcium carbide であるが, 化学式は CaC_2 で, calcium ethynediide（エチン化カルシウム）または calcium acetylide（アセチレン化カルシウム）と呼ぶべき物質である. よく知られているように, CaC_2 に水を加えると, アセチレンと $Ca(OH)_2$ を生じる. このように, 炭化金属には C^{4-} を含む塩類似炭化物とアセチレン化物とを区別せずに（場合によっては区別できずに）metal carbide（炭化金属）と呼ぶことが多い. 例えば, disodium dicarbide（二炭化二ナトリウム）Na_2C_2 や dipotassium dicarbide（二炭化二カリウム）K_2C_2 などはいずれもアセチレン化金属である. アルミニウムの炭化物には tetraaluminium tricarbide（三炭化四アルミニウム）Al_4C_3 と dialuminium hexacarbide（六炭化二アルミニウム）Al_2C_6 が知られている. 加水分解すると前者はメタンを生じ, 後者はアセチレンを生じるので, 前者はメタン化物, 後者は $Al_2(C_2)_3$ と表すべきアセチレン化物と考えられている.

[例題 3.4]　おもな酸化鉄の化学式, 英語名, 日本語名を示せ.

[解答・解説]

　鉄には次のような酸化物が知られている. 最後の酸化鉄は鉄(II)と鉄(III)が 1：2 の比で含まれる $Fe^{II}Fe^{III}_2O_4$ と表すべき酸化物である.

FeO　　iron(II) oxide　酸化鉄(II)

Fe_2O_3　diiron trioxide　三酸化二鉄

Fe_3O_4　triiron tetraoxide　四酸化三鉄. 酸化数も含めて示すなら, iron(II) diiron(III) tetraoxide　四酸化鉄(II)二鉄(III)

演習問題

問題 1　次の化合物の英語名および日本語名を示せ.

(a) NO　(b) N_2O　(c) N_2O_5　(d) PCl_3　(e) AlN　(f) Zn_3N_2　(g) NaH

(h) Al_2O_3　(i) SiC

問題 2　次の化合物の化学式を示せ.

(a) silver sulfide　(b) tricalcium diphosphide　(c) リン化アルミニウム

(d) 超酸化ナトリウム

問題 3　次の化合物の化学式, 英語名, 日本語名を示せ.

(a) 銅(I)の酸化物　(b) 銅(II)の酸化物

問題 4　次の鉛の酸化物の英語名および日本語名を示せ.

(a) PbO　(b) PbO_2　(c) Pb_2O_3　(d) Pb_3O_4

問題 5　次の酸化数をとる酸化マンガンの化学式, 英語名, 日本語名を示せ.

(a) Mn(II)　(b) Mn(III)　(c) Mn(IV)　(d) Mn(VII)

3.4　オキソ酸

　オキソ酸とは, 炭酸 H_2CO_3, 硝酸 HNO_3, 硫酸 H_2SO_4 のように水素イオン (hydron（ヒドロン）)[*6] として解離可能な水素が酸素原子に結合した酸のことである. オキソ酸には, 単核のものをはじめ, 縮合酸など多くの化合物があり, 古くから知られている化合物も多い. オキソ酸は付加命名法でも命名できる（3.7節）が, 主要族元素のオキソ酸の名称は, 慣用名が用いられることが多い.

3.4.1　単核オキソ酸

a.　17 族元素（ハロゲン）のオキソ酸

　表 3.8 に塩素のオキソ酸およびオキソ酸陰イオンの名称をまとめた. ここに示した名称はすべて慣用名である. 本書に出てくる化合物名は慣用名であってもすべて許容された IUPAC 名である. 付加命名法に基づく IUPAC 体系名については後述するが, 少なくともオキソ酸の名称については慣用名のほうが体系名よりはるかによく使われている.

　塩素のオキソ酸は塩素の酸化数が Cl(I) の次亜塩素酸から Cl(VII) の過塩素酸まで 4 種の化学種が知られているが, 他のハロゲンのオキソ酸は必ずしもこれほどそろっていない. しかし, 塩素以外のハロゲンのオキソ酸およびオキソ酸陰

---

*6　天然に存在する水素は原子核が 1 個のプロトンのみからなる水素（^{1}H）と原子核が 1 個のプロトンと 1 個の中性子からなる水素（^{2}H）の混合物なので, 酸から解離するのは天然存在比に従った $^1H^+$ と $^2H^+$ の混合物ということになる. この混合物をヒドロンと呼ぶ（厳密にはきわめて少量の $^3H^+$ も存在する）.

表3.8　塩素のオキソ酸の名称と対応するオキソ酸イオンの名称

オキソ酸	名　称	陰イオンの名称
HClO	hypochlorous acid　次亜塩素酸	hypochlorite　次亜塩素酸イオン
HClO$_2$	chlorous acid　亜塩素酸	chlorite　亜塩素酸イオン
HClO$_3$	chloric acid　塩素酸	chlorate　塩素酸イオン
HClO$_4$	perchloric acid　過塩素酸	perchlorate　過塩素酸イオン

イオンの名称は表3.8の例にならえば，容易に類推することができよう．

b.　13〜16族元素のオキソ酸

　17族元素のオキソ酸と同じく13〜16族元素のオキソ酸も古くから広く知られている（表3.9）．

　これらのオキソ酸の名称は広く知られているため，命名法の体系のなかでも許容慣用名として認められている．これらの酸の慣用名は，英語では2語であり，2語目にacidを用いることにより酸であることを示す．慣用名では，酸素数の違いを"亜"を用いて命名するなど半体系的な命名がされている[*7]．一方で，"硫酸""リン酸"という名称だけでは，含まれている酸素の数や水素の数を示すことはできない．これらを明示するには，3.7節に示すような付加命名法による体系的な名称が適している．

　オキソ酸の化学式は一般的には$EO_n(OH)_m$となる．mは−OHの数を示し，解離性のH^+の数に対応する．mが2以上の酸を多価酸と呼び，多価酸は多段階の解離が可能である．日本語名称では，すべてのH^+を放出したイオンは，"酸の名称"イオンと呼び，英語名称では，すべてのH^+を放出した形は，***ic acid

表3.9　13〜16族のおもな単核酸

オキソ酸	名　称	オキソ酸	名　称
$H_3BO_3 = B(OH)_3$	boric acid　ホウ酸	$H_3PO_4 = PO(OH)_3$	phosphoric acid　リン酸
$H_2CO_3 = CO(OH)_2$	carbonic acid　炭酸	$H_3PO_3 = P(OH)_3$	phosphorous acid　亜リン酸
$H_4SiO_4 = Si(OH)_4$	silicic acid　ケイ酸	$H_2SO_4 = SO_2(OH)_2$	sulfuric acid　硫酸
$HNO_3 = NO_2(OH)$	nitric acid　硝酸	$H_2SO_3 = SO(OH)_2$	sulfurous acid　亜硫酸
$HNO_2 = NO(OH)$	nitrous acid　亜硝酸	$H_2SeO_4 = SeO_2(OH)_2$	selenic acid　セレン酸

---

*7　英語名称は，亜がつかない酸は***ic acid，亜のつく酸は***ous acidである．

表 3.10　オキソ酸とそのイオンの名称

酸の慣用名（2 語）	解離可能な H^+ を放出したイオン名（1 語）
***ic acid	***ate
***ous acid	***ite

については***ate，***ous acid の場合には***ite と呼ぶ（表 3.10）．

　いくつかの $-OH$ が残っている場合の日本語名称は，残っている $-OH$ の数に対応して"酸の名称"+"残っている $-OH$ の数に対応する倍数接頭語"+"水素"イオンと呼び，英語名称は"残っている $-OH$ の数に対応する倍数接頭語"+"hydrogen"+"水素イオンを完全放出したイオン名"で呼ぶ[*8]．例えば，リン酸（$H_3PO_4 = PO(OH)_3$）であれば，すべての $-OH$ から H^+ が解離したイオンをリン酸イオン，二つ $-OH$ が残っているイオン（$H_2PO_4^- = [PO_2(OH)_2]^-$）をリン酸二水素イオンと呼ぶ．

$H_2PO_4^-$：di｜hydrogen｜phosphate
倍数　　解離可能な　　　酸のイオン名
接頭語　水素イオン

[例題 3.5]　次のイオンの英語名および日本語名を記せ．
　(a) PO_4^{3-}　　(b) HPO_4^{2-}

[解答・解説]
　(a) phosphate　リン酸イオン
　PO_4^{3-} は phosphoric acid（リン酸）のすべての $-OH$ から H^+ が解離したイオンであるため，リン酸イオン，英語名は ic を ate に換え，phosphate である．
　(b) hydrogenphosphate（= hydrogen｜phosphate）　リン酸水素イオン
　HPO_4^{2-} は $[PO_3(OH)]^{2-}$ であり，解離可能な $-OH$ が一つ残っているため，hydrogenphosphate（リン酸水素イオン）と呼ぶ．なお，$H_2PO_4^-$（= $[PO_2(OH)_2]^-$）の場合は $-OH$ が二つ残っているため，dihydrogenphosphate（= di｜hydrogen｜phosphate）（リン酸二水素イオン）である．

[*8]　残っている $-OH$ が一つのときは倍数接頭語モノは省略する．例題 3.5 を参照．

演習問題

問題1 次の化合物の化学式および英語名を示せ.

(a) 過臭素酸　(b) ヨウ素酸　(c) 亜臭素酸ナトリウム

問題2 次のイオンの英語名および日本語名を示せ.

(a) NO_3^-　(b) SO_4^{2-}　(c) SO_3^{2-}　(d) HSO_3^-　(e) HCO_3^-　(f) $H_3SiO_4^-$

問題3 次の化合物の英語名および日本語名を示せ.

(a) Na_2SO_4　(b) $NaHCO_3$　(c) NaH_2BO_3

3.4.2　中心原子に水素が結合したオキソ酸

　リンのオキソ酸である亜リン酸 H_3PO_3 は, P に三つの $-OH$ が結合した $P(OH)_3$ を想定しているが, 実はこのような化合物は存在しない. 実際には P に二つの $-OH$ と H および O が一つずつ結合した $PH(O)(OH)_2$ の構造をもつ化合物（化学組成は亜リン酸と同一）が存在し, phosphonic acid（ホスホン酸）と呼ばれている. なお, 実際には H_3PO_3 すなわち, $P(OH)_3$ の構造をもつ化合物（phospho-rous acid（亜リン酸））は存在しないが, 亜リン酸エステルに相当する $P(OMe)_3$（trimethyl phosphite（亜リン酸トリメチル））など $P(OR)_3$ 型の化合物（亜リン酸エステル）は知られている.

　中心原子が P や S のオキソ酸で, $-OH$ のかわりに H と O が直接中心原子に結合した化合物は少ないが, $-OR$ のかわりに R と O が直接結合した化合物は知られている. 例えば, 基本的な有機酸としてスルホン酸が知られている. ベンゼンスルホン酸は $C_6H_5S(O)_2(OH)$ の構造をもち, $-C_6H_5$ のかわりに H をもつオキソ酸 $SH(O)_2(OH)$ の誘導体として命名されている. この $SH(O)_2(OH)$ は実在しないが, 亜硫酸 $SO(OH)_2$ の異性体であり, $SH(O)_2(OH)$ の構造を明示的に指す際にスルホン酸という名称を用いる. 同様の有機酸の母体となる構造として, S のオキソ酸 $SH(O)(OH)$ はスルフィン酸という名称をもち, P のオキソ酸 $PH_2(O)(OH)$ はホスフィン酸という名称をもつ（表3.11）.

3.4.3　縮　合　酸

　リン酸 H_3PO_4 $[PO(OH)_3]$ を, 減圧下で加熱すると脱水縮合して diphosphoric acid（二リン酸）$H_4P_2O_7$ $[(PO(OH)_2)\text{-}O\text{-}(PO(OH)_2)]$ が生じる. このような脱水縮合により多核酸となる例は disulfuric acid（二硫酸）$H_2S_2O_7$ などほかの元

表 3.11　中心原子に H が直接結合したオキソ酸および同じ組成をもつオキソ酸

組成式	オキソ酸の構造	名　称
H_3PO_3	HO—P—OH（下に OH）	phosphorous acid 亜リン酸
	O＝P（H—P—OH，下に OH）	phosphonic acid ホスホン酸
H_3PO_2	（上に OH）H—P—OH	phosphonous acid 亜ホスホン酸
	（上に O）H—P—OH（下に H）	phosphinic acid ホスフィン酸
H_2SO_3	（上に O）HO—S—OH	sulfurous acid 亜硫酸
	（上下に O）H—S—OH	sulfonic acid スルホン酸
H_2SO_2	HO—S—OH	sulfanediol スルファンジオール
	（上に O）H—S—OH	sulfinic acid スルフィン酸

素のオキソ酸でも広く見られる．リン酸では一般式 $H_{(n+2)}P_nO_{(3n+1)}$ で表される直鎖状の縮合リン酸があり，これらはリンの数 (n) に応じて "n" リン酸と呼ばれる．さらに，直鎖状の縮合リン酸は，両末端が脱水縮合すると環状構造をもつ縮合リン酸となる．直鎖状の縮合リン酸と環状の縮合リン酸を区別するため，直鎖状の縮合リン酸を *catena-n* リン酸，環状の縮合リン酸を *cyclo-n* リン酸と呼ぶ．鎖状に縮合した酸はケイ素のオキソ酸でも見られる．とくにケイ酸の場合は，無限鎖状の縮合ケイ酸イオンが広く知られており，ケイ酸ナトリウム Na_2SiO_3 では，$[HO\text{-}SiO_2\text{-}OH]^{2-}$ が両端の OH で脱水縮合を繰り返したとみなせる metasilicate（メタケイ酸イオン）$\{SiO_3\}_n^{2n-}$ が存在する．

> 縮合リン酸：
>
> 直鎖状　*catena-* "倍数接頭語" + phosphoric acid
> 環　状　*cyclo-* "倍数接頭語" + phosphoric acid

[例題 3.6]　次の構造をもつ化合物の英語名および日本語名を記せ.

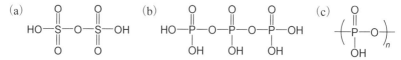

(a)　(b)　(c)

[解答・解説]

(a) 二つの硫酸が脱水縮合しているので disulfuric acid　二硫酸　(b) 直鎖状の縮合酸であるため *catena* をつけて *catena*-triphosphoric acid（= *catena*-tri|phosphoric acid）*catena*-三リン酸　(c) metaphosphoric acid　メタリン酸. メタリン酸, メタケイ酸などは, その組成がそれぞれ HPO_3, H_2SiO_3 であり, 単核酸であるリン酸 H_3PO_4, ケイ酸 H_4SiO_4 から組成式上で 1 分子脱水した酸となっている. 組成の異なる化合物の脱水の程度を表す表現として, 脱水していないものをオルト酸, 脱水した酸をメタ酸と表していたことに由来する.

3.4.4　中心原子間に直接結合のあるオキソ酸

オキソ酸には, 次リン酸 $H_4P_2O_6$ のように二つの中心原子間に直接結合をもつ酸がある. これらも古くから知られる酸であり, 表 3.12 に示す命名法で認めら

表 3.12　中心原子間に直接結合をもつオキソ酸

組成式	オキソ酸の構造	名　称
$H_4P_2O_6$		hypodiphosphoric acid 次リン酸
$H_2S_2O_6$		dithionic acid ジチオン酸
$H_2C_2O_4$		oxalic acid[*] シュウ酸

[*]　シュウ酸は有機物に分類されるが, 二つの中心原子間に直接結合をもつ炭素のオキソ酸と考えると, 還元性をもつことも理解しやすい.

れた慣用名をもつ．二硫酸や二リン酸などの二つの中心原子間に O_2^{2-} を挟んだ
酸に比べ，中心原子間に直接結合をもつ酸は中心原子の酸化数が低くなる．この
ため，次リン酸などの塩は還元剤として用いられることがある．

3.4.5 オキソ酸誘導体

　オキソ酸の誘導体として，オキシド基（=O）や−OH を置換した酸が多く知
られている．よく知られたものにチオ硫酸がある．これは硫酸の一つの −OH を
−SH に置換したものである．ほかにも硫酸の −OH を −NH$_2$ で置換したスルファ
ミン酸や，リン酸の三つの −OH を −Cl で置換した三塩化ホスホリルなどもよく
知られている．これらの化合物も許容慣用名で呼ばれることが多い．代表的なオ
キソ酸の誘導体の名称と構造を表 3.13 に示す．

[例題 3.7]　次の化合物の英語名および日本語名を記せ．
　(a) $Na_2S_2O_8$　(b) $Na_2S_2O_3$　(c) HSCN = C(N)(SH)

[解答・解説]
　(a)，(b) とも陰イオンの名称は***ic → ***ate に従う．このため，(a) sodium peroxy-
disulfate　ペルオキシ二硫酸ナトリウム，(b) sodium thiosulfate　チオ硫酸ナトリウ
ムとなる．
　(c) CN(OH) は cyanic acid　シアン酸であるため O が S に置換されたと考えて，
CN(SH) は thiocyanic acid　チオシアン酸となる．

演習問題

問題 1　次の化合物の英語名および日本語名を示せ．
　(a) CH_3SO_3H　(b) $NaC_6H_5SO_2$　(c) $EtP(OC_6H_5)_2$
問題 2　次の構造をもつ化合物の英語名および日本語名を示せ．

問題 3　次の化合物の英語名および日本語名を示せ．
　(a) $Na_2(S_2O_4)$　(b) $K(HC_2O_4)$

表 3.13　オキソ酸誘導体の構造と名称

組成式	オキソ酸誘導体の構造	名　称
$H_2S_2O_3$	$\overset{O}{\underset{O}{HO-\overset{\|}{\underset{\|}{S}}-SH}}$	thiosulfuric acid チオ硫酸
HSO_3NH_2	$\overset{O}{\underset{O}{HO-\overset{\|}{\underset{\|}{S}}-NH_2}}$	sulfamic acid スルファミン酸
HNO_4	$\overset{O}{O=\overset{\|}{N}-OOH}$	peroxynitric acid ペルオキシ硝酸
H_3PO_5	$\overset{O}{\underset{OH}{HO-\overset{\|}{\underset{\|}{P}}-OOH}}$	peroxyphosphoric acid ペルオキシリン酸
H_2SO_5	$\overset{O}{\underset{O}{HO-\overset{\|}{\underset{\|}{S}}-OOH}}$	peroxysulfuric acid ペルオキシ硫酸
$H_2S_2O_8$	$\overset{O\quad\quad O}{HO-\overset{\|}{\underset{\|}{S}}-O-O-\overset{\|}{\underset{\|}{S}}-OH}$	peroxydisulfuric acid ペルオキシ二硫酸
$POCl_3$	$\overset{O}{\underset{Cl}{Cl-\overset{\|}{\underset{\|}{P}}-Cl}}$	phosphoryl trichloride 三塩化ホスホリル*
SO_2Cl_2	$\overset{O}{\underset{O}{Cl-\overset{\|}{\underset{\|}{S}}-Cl}}$	sulfuryl dichloride 二塩化スルフリル*
$SOCl_2$	$\overset{O}{Cl-\overset{\|}{S}-Cl}$	thionyl dichloride 二塩化チオニル*

*　これらの名称は酸素を含む原子団 $\{XO_n\}$ に yl で終わる名称（CO：カルボニル，NO：ニトロシル，NO_2：ニトリルまたはニトロイル，PO：ホスホリル，SO：チオニルまたはスルフィニル，SO_2：スルフリルまたはスルホニル）をつけていたことに由来する．一方で，これらの名称は，置換基の名称として有機化学命名法には引き継がれている．

> **過硝酸，過硫酸？**
>
> ペルオキシ硝酸, ペルオキシリン酸, ペルオキシ硫酸はそれぞれ "過硝酸"，"過リン酸"，"過硫酸" と誤称されたことがある. HNO_4 と HNO_3 の関係は $HClO_4$（過塩素酸）と $HClO_3$（塩素酸）に対応しているようにみえるが，HNO_4 の一つの酸素は窒素には結合せず，O–O 結合をつくっている. "過" は元来中心元素の酸化数の違いを表すために導入された用語であり，HNO_4 を過硝酸と呼ぶのは不適切ということになる.

3.5 配位化合物

3.5.1 配位化合物，錯体

3～12 族の元素は d ブロック元素と呼ばれ，多様な構造をもつ配位化合物（coordination compound, 錯体（complex compound）とも呼ばれる）を形成する. 配位化合物では，中心金属イオンに分子や陰イオンが配位結合により結合する.

第 4 周期の 3～12 族の元素は，Sc から Zn である. これらの元素の電子配置は $[Ar]3d^14s^2 \sim [Ar]3d^{10}4s^2$ となっており，Cr と Cu のところに小さな電子配置の乱れがあるが，d 軌道に電子が一つずつ増えて 10 個まで充塡される領域の元素である.

d ブロック元素の原子が d 電子の一部や s 電子のすべてを失って金属イオンになると，陰イオンや分子を自分自身のまわりに規則的に配列させ，**錯イオン**（complex ion）になる. $ZnCl_2$ 水溶液に十分な量のアンモニアを加えると，四つのアンモニア分子は窒素原子上の非共有電子対を Zn^{2+} に向けて集まり，正四面体型に結合して，$[Zn(NH_3)_4]^{2+}$ 錯体を生じる. 周期表上で Zn の一つ左にある銅の場合でも，その二価イオンである Cu^{2+} に四つのアンモニア分子が結合し $[Cu(NH_3)_4]^{2+}$ 錯体を生じるが，その配列は平面四角形である. 周期表上でさらに一つ左に位置する Co では，Co^{2+} が $[Co(NH_3)_6]^{2+}$ 錯イオンを生じるが，これは正八面体配列をとっている[*9].

---

*9 酸素が存在すると，Co^{2+} は酸化を受けるので，この反応は酸素を排除したアルゴンや窒素ガス雰囲気下で行う必要がある.

---

12 族元素は遷移元素か？

　本書では d ブロック元素を遷移元素に分類している（図 3.1 参照）が，12 族元素を遷移元素に入れない化学書も少なくない．なぜここでは 12 族元素を遷移元素に分類しているかについて述べておきたい．例えば，第 4 周期元素の化学的性質を比較すると，3 族の Sc から 12 族の Zn までは連続的な変化を示すが，13 族に進むと性質はがらりと変わる．すなわち，化学的な性質の突然の変化は 11 族と 12 族の間ではなく，12 族と 13 族の間で見られる．また，生成する化合物も 3 族から 12 族まで少しずつ一様な変化を見せるが，13 族以降の元素とははっきりとした違いが見られる．このような元素の性質を重視し，本書では 12 族元素も遷移元素として分類した．

　金属イオンに結合する分子（前ページの例ではアンモニア）や陰イオンを**配位子**（ligand）という．また，金属イオンに直接結合している原子（配位原子）の数を配位数という．したがって，前ページに述べた錯イオンの例をまとめると，金属イオンが Zn^{2+} のときはアンモニア配位子が 4 配位正四面体型，Cu^{2+} のときは 4 配位平面四角形型，Co^{2+} のときは 6 配位正八面体型の錯イオンを形成する．

　金属イオンに配位子が結合することを配位する（coordinate）ということから，錯体は配位化合物とも呼ばれる．錯体を研究する分野（錯体化学とか配位化学と呼ぶ）を開拓したのは A. Werner（1866〜1919）で，1893 年に**配位説**として彼の考えを発表した．そのもっとも重要な基礎となっているのは錯体の配位数と配位構造である．図 3.3 に錯体の 4，5 および 6 配位の配位構造を示す．この図形の中心に金属イオンが位置しており，各頂点に配位子が結合している．

4 配位錯体　　　　　　**5 配位錯体**　　　　　　**6 配位錯体**

四面体　　平面四角形　　三方両錐　　正方錐　　八面体　　三方柱

図 3.3　4, 5, 6 配位錯体の構造

　錯体には，4 配位四面体構造，4 配位平面四角形構造，6 配位八面体構造をと
る例が非常に多いが，5 配位，7 配位以上の例も決して少なくない.

　金属イオンと配位子の結合は配位結合と呼ばれるが，配位結合は遷移金属イ
オンに限定されるものではない. 例えば，ミョウバン $KAl(SO_4)_2 \cdot 12H_2O$ は，
$[K(H_2O)_6][Al(H_2O)_6](SO_4)_2$ と書き表すべき錯体で，K^+ にも Al^{3+} にも水分子
がそれぞれ 6 個ずつ配位した錯体である.

　さらに，配位結合の概念は遷移金属錯体から主要族元素の化学へと拡張されて
いった. CO_3^{2-}，NO_3^-，PO_4^{3-}，SO_4^{2-}，ClO_3^{2-} などのオキソ酸イオンも錯イ
オンとして理解することができる. 例えば，NO_3^- においては N^{5+} という中心陽
イオンに O^{2-} が 3 個配位していると考えるのである. この考え方はオキソ酸に
対する IUPAC 命名法（体系名）に取り入れられている（3.7 節）.

　このような現代の考え方に基づき，ここで改めて配位化合物，錯体とは何かを
整理しておこう（図 3.4）. 配位化合物とは，上記のように配位結合の概念を広
げることによりまとめられた化合物群であり，金属錯体はもとより主要族元素の
陽イオンに O^{2-} など配位子とみなせる化学種が結合した化合物を含む. 金属錯
体とは中心元素が金属イオンである配位化合物である.

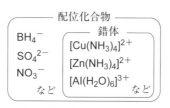

図 3.4　配位化合物と錯体の関係

3.5.2　付加命名法

　有機化合物の場合，炭素–炭素結合が鎖状にほぼいくらでもつながり得るこ
と，炭素原子の結合手は基本的に 4 本（結合数 4）と決まっていることから，置
換命名法によって体系的な名称がつくりやすい. このため IUPAC 有機化学命名
法は古くから使われてきた慣用名を減らし，できるだけ置換命名法に基づく体系
名を使う方向に進んできた.

　無機化合物の場合，同種原子が鎖状につながる例はむしろまれであり，結合の
種類も多様で，個々の化合物の構造も個性的で単純ではない. このため，体系名

に加えて慣用名も IUPAC 名として認められている場合が多い．無機化合物の体系名には金属イオンに配位子が結合した錯体の命名用に考え出された付加命名法が広く使われている．付加命名法は，**付加する化合物の名称と中心の元素（多くの場合金属イオン）の名称を連結して命名する方法である**．

$[Co(NH_3)_6]Br_3$ を付加命名法で命名すると，hexaamminecobalt(III) bromide（ヘキサアンミンコバルト(III)臭化物）となる．

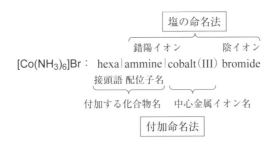

アンミンという言葉が出てくるが，これはアンモニア分子が金属に配位子として結合しているときにのみ使われる特別な名称である．このような配位子の名称の例はごく少数であるが，3.5.3 項で改めて述べる．上の錯体では，中心のコバルトイオンに六つのアンモニア分子が結合して3＋の電価をもつ錯陽イオンが臭化物イオンと塩を構成している．この錯体の名称にはコバルト(III)という部分があるが，ローマ数字の III は中心金属イオンの酸化数が3＋であることを示している．ローマ数字の 1，2，3，……は時計数字とも呼ばれる I，II，III，IV，V，VI，VII，VIII，IX，X，……である．酸化数を使わずに陽イオン全体の電荷数3＋を使ってヘキサアンミンコバルト(3＋)臭化物としてもよい．ただし，錯体に対してはローマ数字を使う酸化数表記のほうが一般的である．錯体に含まれる配位子の種類によっては酸化数がわからないことがある．このような場合，総電荷数をアラビア数字で（2＋）や（3＋）などと示せるのは便利である．錯陰イオンの場合も金属イオンの名称（元素の名称のままではない．詳しくは後述）のあとに（2－）とか（3－）などをつけて総電荷数を示すことができる．

3.5.3　錯体の化学式と名称

錯体の命名法には，化学式に関する規則と，名称に関する規則がある．化学式と名称で配位子を配置する順が異なる場合があることに注意する必要がある．

a. 錯体の化学式に関する規則

3.5.2 項で $[Co(NH_3)_6]Br_3$ を例にして付加命名法の説明をした．ここではいくつかの錯体を例にあげて，さらに詳しく付加命名法の説明をしよう．

例 1：$[CoCl(NH_3)_5]SO_4$

中心金属イオンは Co^{3+} であり，六つの配位原子（一つの Cl^- とアンモニア配位子の五つの N 原子）が配位した 6 配位正八面体型構造をとっている．錯体部分は $[CoCl(NH_3)_5]^{2+}$ のように角括弧 [ ] で囲む．化学式中の配位子の化学式や略号は丸括弧で囲むが，Co や Cl などの元素記号に丸括弧はつけない．($\times [Co(Cl)(NH_3)_5]^{2+}$)

例 2：$[PtBrCl(NH_3)_2]$

角括弧の中には最初に金属の元素記号を書き，配位子の化学式や略号を続ける．配位子が複数あるときは，各配位子を示す化学式や略号を見て，先頭文字のアルファベット順に並べる．この例では Br の B，Cl の C，NH_3 の N を比べて Br → Cl → NH_3 の順になっている（$\times [Pt(NH_3)_2BrCl]$：NH_3 の名称は ammine だが，式中の先頭文字の順）．この錯体は 4 配位平面四角形の配位構造をとっている．また，Pt^{2+} に Br^- と Cl^- が一つずつ結合しているので，無電荷錯体である．

> [中心金属(配位子 1)(配位子 2)……]$^{n+}$
> 配位子の順：先頭文字のアルファベット順

例 3：$Na_3[IrCl_6]$

イリジウム(III)イオンには六つの Cl^- が配位しており，錯体部分は陰イオンになっている．

例 4：$[Co(CH_3CO_2)(NH_3)_5]Cl_2$

配位子が 2 種類あるが，CH_3CO_2 と NH_3 の先頭文字を比べて CH_3CO_2 が先に来ている．錯体は 6 配位正八面体構造をとっている．

例 5：$[Cu(tn)_2]SO_4$

化学式中の配位子に propane-1,3-diamine の略号 tn（後述）が使われている．この錯体は 4 配位平面四角形の配位構造をとっている．

例 6：$[CoI_2(NH_2CH_2CH_2NH_2)_2]Cl$

錯体中の配位子エタン-1,2-ジアミンに対して en という略号（後述）を使うこともできる．略号を使うと，$[Co(en)_2I_2]Cl$ となる．($\times [CoI_2(en)_2]Cl$：先頭文

字のアルファベット順)

例7：$K_3[Co(C_2O_4)_3]\cdot 3H_2O$

$C_2O_4{}^{2-}$はシュウ酸イオンである．錯イオンは6配位正八面体構造で，錯陰イオンの例である．$3H_2O$はこの錯体に結晶水が3分子含まれていることを示している．

例8：$K_4[Fe^{II}(CN)_6]$

これも錯陰イオンの例である．この例のようにFe^{II}として金属イオンの酸化数を表すこともできる．

b．錯体の名称に関する規則

上に示した錯体の化学式の例1〜8を付加命名法で命名してみよう．

例1：$[CoCl(NH_3)_5]SO_4$

英語の名称は pentaamminechloridocobalt(III)（＝penta｜ammine｜chlorido｜cobalt(III)）sulfate，日本語の名称はペンタアンミンクロリドコバルト(III)硫酸塩となる．陰イオンが配位子になっている場合，陰イオンの英語名（ここでは chloride）の語尾 e を o に換えて chlorido（クロリド）にする（×pentaamminechloridecobalt(III)）．この錯体では中心のコバルトイオンに塩化物イオン（クロリド配位子）が一つと5分子のアンモニア分子が結合して2＋の電価をもつ錯陽イオンができあがっており，このイオンと硫酸イオンとで塩を構成している．

例2：$[PtBrCl(NH_3)_2]$

錯体の命名に際しては，配位子の化学式・略称でなく，**配位子名の先頭文字のアルファベット順に並べる**（この際，倍数接頭語は無視する）．したがって，化学式の表示と異なり，この例の場合はアンミン(NH_3) → ブロミド(Br^-) → クロリド(Cl^-)の順になる．英語名称は diamminebromidochloridoplatinum(II)（di｜ammine｜bromido｜chlorido｜platinum(II)），日本語の名称はジアンミンブロミドクロリド白金(II)となる（×bromidochloridodiammineplatinum(II)，ブロミドクロリドジアンミン白金(II)）．

表3.14に代表的な陰イオンの名称と対応する配位子の名称を示す．

例1や2の名称にある ammine（アンミン）はすでに述べたように，アンモニアが配位子としてはたらいているときの特別な名称である．中性の配位子は分子の名称を変化させずにそのまま使うが，アンミンのような例外が数例ある．配位して名称が変わる分子の例として　H_2O：aqua（**アクア**），CO：carbonyl（**カルボニル**），NO：nitrosyl（**ニトロシル**）がある．

表3.14 陰イオンの名称と対応する配位子の名称 （日本語名称は省略）

化学式	陰イオンの名称	配位子の名称	化学式	陰イオンの名称	配位子の名称
$AlCl_4^-$	tetrachloridoaluminate	tetrachloridoaluminato	I^-	iodide	iodido[*3]
AlH_4^-	tetrahydridoaluminate	tetrahydridoaluminato	I_3^-	triiodide	triiodido
AsO_4^{3-}	arsenate	arsenato	IO_3^-	iodate	iodato
BH_4^-	tetrahydridoborate	tetrahydridoborato	IO_4^-	periodate	periodato
BO_3^{3-}	borate	borato	N_3^-	azide	azido
Br^-	bromide	bromido	N^{3-}	nitride	nitrido
BrO_3^-	bromate	bromato	NO_2^-	nitrite	nitrito
C^{4-}	carbide	carbido	NO_3^-	nitrate	nitrato
C_2^{2-}	ethynediide	ethynediido	O^{2-}	oxide	oxido
CN^-	cyanide	cyanido	O_2^-	superoxide	superoxido
CO_3^{2-}	carbonate	carbonato	O_2^{2-}	peroxide	peroxido
Cl^-	chloride	chlorido	OCN^-	cyanate	cyanato
ClO_2^-	chlorite	chlorito	P^{3-}	phosphide	phosphido
ClO_3^-	chlorate	chlorato	S^{2-}	sulfide	sulfido
ClO_4^-	perchlorate	perchlorato	SO_3^{2-}	sulfite	sulfito
CrO_4^{2-}	chromate	chromato	SO_4^{2-}	sulfate	sulfato
F^-	fluoride	fluorido	Se^{2-}	selenide	selenido
H^-	hydride	hydrido	SeO_3^{2-}	selenite	selenito
HCO_3^-	hydrogencarbonate[*1]	hydrogencarbonato[*2]	SeO_4^{2-}	selenate	selenato
HO^-	hydroxide	hydroxido	$SnCl_3^-$	trichlorostannate	trichlorostannato

[*1] 炭酸水素イオン   [*2] ヒドロゲンカルボナト   [*3] ヨージド

> 錯体の名称：配位子名称1＋配位子名称2＋……＋中心元素名称（酸化数）
> 1. 名称を連結して錯体の名称とする（スペース不要）
> 2. 配位子の順：**名称**のアルファベット順（倍数接頭語無視）

例3：$Na_3[IrCl_6]$

イリジウム(III)イオンには六つの Cl^- が配位しており，錯体部分は陰イオンになっている．陰イオン錯体の名称では，英語では元素名の語尾を ate（iridium が iridate になる）にする．日本語では金属元素名＋酸にする．したがって英語名称は sodium hexachloridoiridate(III)，日本語名称はヘキサクロリドイリジウム(III)酸ナトリウムとなる．中心金属イオンが次の場合は名称の変化に例外があり，Cu は cuprate，Ag は argentate，Au は aurate，Fe は ferrate，Pb は plumbate，Sn は stannate とする．日本語では元素名に酸をつけて銅酸，銀酸などとするが，例外がある．アルミニウムはアルミニウム酸とせず，アルミン酸と

いう．このほか，ホウ素 → ホウ酸，炭素 → 炭酸，窒素 → 硝酸，ケイ素 → ケイ
酸，ヒ素 → ヒ酸，硫黄 → 硫酸，バナジウム → バナジン酸という．

陰イオン錯体の名称（原則）
英　語：元素名の語尾を ate に
日本語：元素名を 元素名＋酸 に

例4：[Co(CH₃CO₂)(NH₃)₅]Cl₂

英語名称，日本語名称は，それぞれ acetatopentaamminecobalt(III) chloride（＝
acetato│penta│ammine│cobalt(III)），アセタトペンタアンミンコバルト(III)塩化物
となる．この錯体には Cl^- が二つ存在しているので，dichloride とすべきであるが，
陽イオン部分が2＋であることは明らかなので，わざわざ dichloride とはせずに
単に chloride としてよい．この錯体中の配位子 $CH_3CO_2^-$ は acetate の語尾の e を o
に換えて acetato（アセタト）にする．ここでは陽イオンの名称が長い．このよう
な場合の日本語名称は，陽イオンの名称を先に書き，あとに"塩化物"をつける．

例5：[Cu(tn)₂]SO₄

英語名称，日本語名称は，それぞれ bis(propane-1,3-diamine)copper(II) sulfate,
ビス(プロパン-1,3-ジアミン)銅(II)硫酸塩である．この場合も陽イオンの名称
が複雑で長いので，日本語名称は陽イオンの名称の後に"硫酸塩"をつける．
表3.15 に配位子の略号の例を示す．

例6：[CoI₂(NH₂CH₂CH₂NH₂)₂]Cl

英語名称，日本語名称は，それぞれ (ethane-1,2-diamine)diiodidocobalt(III)
chloride,（エタン-1,2-ジアミン)ジヨージドコバルト(III)塩化物となる（×diio-
dido(ethane-1,2-diamine)cobalt(III) chloride：接頭語を除いた配位子名称のアル
ファベット順)．

例7：K₃[Co(ox)₃]·3H₂O

potassium trioxalatocobaltate(III) trihydrate, トリオキサラトコバルト(III)酸カ
リウム三水和物，配位子の ox は oxalate（シュウ酸イオン $^-O_2CCO_2^-$）を示す
略号であり，配位子の名称は oxalato（オキサラト）である．

例8：K₄[Feᴵᴵ(CN)₆]

potassium hexacyanidoferrate(II)，ヘキサシアニド鉄(II)酸カリウム，これも錯
体部分が陰イオンなので Fe は ferrate になり，日本語では鉄酸である．

表 3.15　代表的な配位子の略号

構造	略号	IUPAC 体系名	略号の由来
1	acac [*1]	2,4-dioxopentan-3-ido	acetylacetonato
2	ala	2-aminopropanoato	alaninato
3	[14]aneN$_4$ [*2] または cyclam	1,4,8,11-tetraazacyclotetradecane	−
4	asp	2-aminobutanedioato	aspartato
5	binap	1,1′-binaphthalene-2,2′-diylbis(diphenylphosphane)	−
6	bpy	2,2′-bipyridine	−
7	C$_5$Me$_5$	pentamethylcyclopentadienyl	−
8	Cp	cyclopentadienyl	−
9	12-crown-4 [*3]	1,4,7,10-tetraoxacyclodecane	−
10	cys	2-amino-3-sulfanylpropanoato	cysteinato
11	depe	ethane-1,2-diylbis(diethylphosphane)	1,2-bis(diethylphosphino)ethane
12	diars	benzene-1,2-diylbis(dimethylarsane)	−
13	dien	N-(2-aminoethyl)ethane-1,2-diamine	diethylenetriamine

本表に示したのは，IUPAC が推奨している配位子の略号である.

[*1]　acac は二つの O 原子の金属への配位による錯体の形成と思われがちであるが，配位構造は驚くほど多彩である.

[*2]　このような大環状化合物はマクロサイクルと呼ばれ，[14]ane は 14 員環を意味している. 最後の N$_4$ は配位原子が四つの N からなることを示している.

[*3]　これもマクロサイクルの例である. この例では 12 員環の中に四つの O 原子が等間隔に配置されている環状ポリエーテル化合物である. 数多くの関連配位子が合成されており，中央の穴の大きさに合うアルカリ金属イオンやアルカリ土類金属イオンなどを取り込む独特な性質と機能をもっている. これらの配位子はクラウンエーテルと総称されている.

表 3.15　代表的な配位子の略号（つづき）

構造	略号	IUPAC 体系名	略号の由来
14	dmg	butane-2,3-diylidenebis(azanolato)	dimethylglyoximato
15	dmpe	ethane-1,2-diylbis(dimethylphosphane)	1,2-bis(dimethylphosphino)ethane
16	ea	2-amino(ethane-1-olato)	ethanolaminato
17	edta	2,2′,2″,2‴-(ethane-1,2-diyldinitrio)tetra-acetato	ethylenediaminetetraacetato
18	en	ethane-1,2-diamine	ethylenediamine
19	Et$_2$dtc	*N,N*′-diethylcarbamodithioato	*N,N*′-diethyldithiocarbamato
20	gly	2-aminoacetato	glycinato
21	ida	2,2′-azanediyldiacetato	iminodiacetato
22	isn	pyridine-4-carboxamide	isonicotineamido
23	malo	propanedioato	malonato
24	napy	1,8-naphtyridine	−
25	nia	pyridino-3-carboxamide	nicotinamide
26	nmp	*N*-methylpyrolidine	−
27	nta	2,2′,2″-nitrilotriacetato	−
28	oep	2,3,7,8,12,13,17,18-octaethylporphyrin-21,23-diido	−
29	ox	oxalato	oxalato
30	pc	phthalocyanine-29,31-diido	−
31	phe	2-amino-3-phenylpropionato	phenylalaninato
32	phen	1,10-phenanthroline	−

14: Me, Me / −ON NOH
15: Me$_2$P PMe$_2$
16: NH$_2$CH$_2$CH$_2$O$^-$
17: ($^-$O$_2$CCH$_2$)$_2$N[CH$_2$]$_2$N(CH$_2$CO$_2^-$)$_2$
18: NH$_2$CH$_2$CH$_2$NH$_2$
19: Et$_2$N S S$^-$
20: NH$_2$CH$_2$CO$_2^-$
21: NH(CH$_2$CO$_2^-$)$_2$
22: NH$_2$ O
23: $^-$O$_2$C CO$_2^-$
24: N N
25: O NH$_2$ N
26: N Me
27: N(CH$_2$CO$_2^-$)$_3$
28: Et, Et, Et, Et, Et, Et, Et, Et N$^-$
29: $^-$O$_2$CCO$_2^-$
30:
31: C$_6$H$_5$ NH$_2$ CO$_2^-$
32:

表 3.15 代表的な配位子の略号（つづき）

構造	略号	IUPAC 体系名	略号の由来
33	pn	propane-1,2-diamine	–
34	py	pyridine	–
35	pyz	pyrazine	–
36	pz	1*H*-pyrazol-1-ido	–
37	quin	quinolin-8-olato	–
38	sal	2-hydroxybenzoato	salicylato
39	salen	2,2′-[ethane-1,2-diylbis(azanylylidene-methanylylidene)]diphenolato	bis(salicylidene)ethylenediaminato
40	tart	2,3-dihydroxybutanedioato	tartrato
41	terpy	2,2′,6′,2″-terpyridine	terpyridine
42	tn	propane-1,3-diamine	trimethylenediamine
43	tu	thiourea	–

33:
Me
H₂N   NH₂

34: (pyridine) **35:** (pyrazine) **36:** (pyrazolido) **37:** (quinolin-8-olato) **38:** (2-hydroxybenzoato, CO₂⁻, OH)

39: (salen structure with N=, N=, O⁻, O⁻) **40:** HO, CO₂⁻, ⁻O₂C, OH **41:** (terpyridine)

42: NH₂[CH₂]₃NH₂   **43:** (NH₂)₂C=S

演習問題

問題 1　次の化合物の英語名および日本語名を示せ.

　(a) [Cr(H₂O)₆]Cl₃　(b) [RuCl₂(phen)₂]　(c) [CoCl₃(NH₃)₃]

　(d) [CoCl₂(H₂O)₂(NH₃)₂]Cl　(e) [Co(NH₃)₅(SO₄)]Cl　(f) [Co(NH₃)₄(SO₄)]Cl

　(g) [Co(CrO₄)(NH₃)₅]Br　(h) K₃[Co(CO₃)₃]　(i) Na₃[AlF₆]　(j) [Cu(acac)₂]

3.5.4　錯体の構造と結合の表示

a. 立体異性体の表示

　平面四角形錯体 [Ma₂b₂] の立体異性体を区別するために *cis*（同じ種類の配位子が隣り合う位置に存在），*trans*（同じ種類の配位子が対角線上に存在）表記が使われている.

cis-$[Ma_2b_2]$　　*trans*-$[Ma_2b_2]$

図 3.5　*cis*-および *trans*-$[Ma_2b_2]$異性体

しかしながら，*cis*，*trans* 表記の使用だけでは例えば［Mabcd］の 3 種類ある立体異性体を記述するには十分ではない．

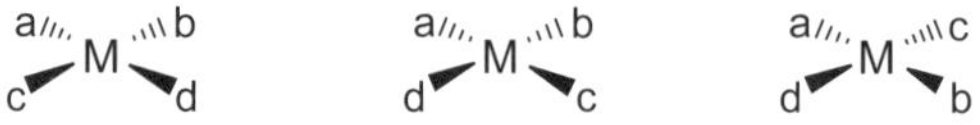

図 3.6　［Mabcd］の 3 種の立体異性体の図示

そこで，より適用範囲の広い**配置指数**（configuration index）を使う方法が提案されている．この方法は国内の成書にはまだほとんど記述されていないが，文献[1]に詳しい記述があるので，本書では説明を省略する．

正八面体錯体の立体異性体を区別するためにも，*cis*，*trans* 表記が使われている．その例として，*cis*-および *trans*-$[CoCl_2(NH_3)_4]^+$を示す．

例：

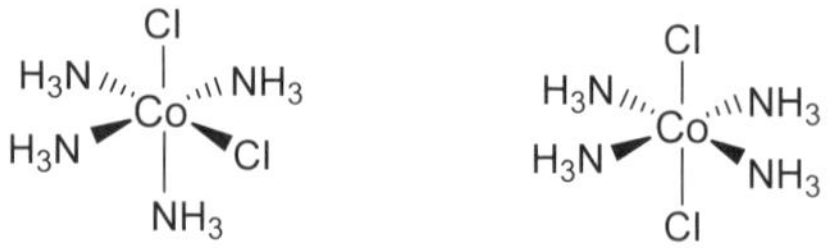

cis-$[CoCl_2(NH_3)_4]^+$　　*trans*-$[CoCl_2(NH_3)_4]^+$

次に［$CoCl_3(NH_3)_3$］型錯体で考慮すべき立体異性体の例を示す．この場合，***fac*** 型および ***mer*** 型異性体が存在する．

例：

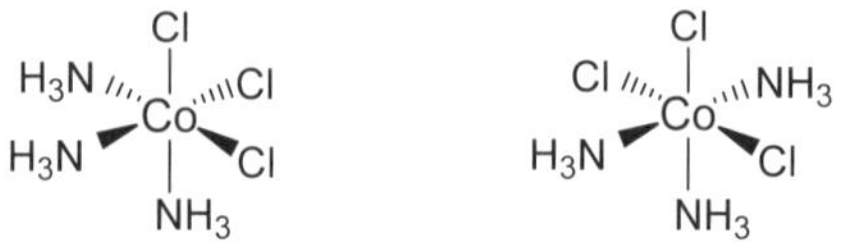

fac-$[CoCl_3(NH_3)_3]$　　*mer*-$[CoCl_3(NH_3)_3]$

fac（ファク）は facial（“面の”の意）の略で，八面体の三角面の各頂点を Cl 配位子が占めていることを示している．*mer*（メル）は meridional（“子午線の”の意）の略で，三つの Cl 配位子が八面体の子午線上に並ぶことを示している．

> 単純な立体異性体の表示：
> *cis-*, *trans-*, *fac-*, *mer-* を化学式の前に加える

b. 配位原子を特定するカッパ（κ）方式

ニトリト配位子（ONO$^-$）には中心金属イオンに酸素原子で配位する可能性と，窒素原子で配位する可能性が考えられる．実際，両方の例が知られている．ONO$^-$ の中の O 原子で配位している例は $[(H_3N)_5Co\text{-}ONO]Cl_2$ で，penta-ammine(nitrito-κ*O*)cobalt(III) chloride（ペンタアンミン(ニトリト-κ*O*)コバルト(III)塩化物）となる．すなわち，**金属に配位している原子を κ のあとにイタリック体で示す**．ONO$^-$ の中の N 原子で配位している例は $[(H_3N)_5Co\text{-}NO_2]Cl_2$ で，pentaammine(nitrito-κ*N*)cobalt(III) chloride（ペンタアンミン(ニトリト-κ*N*)コバルト(III)塩化物となる．ここに示した例は ONO$^-$ 中の配位原子の位置のみが異なる異性体で，つながり異性体とか連結異性体と呼ばれている．興味深いことに，クロム錯体では $[(H_3N)_5Cr\text{-}ONO]Cl_2$（ニトリト-κ*O* 異性体）だけが得られており，ニトリト-κ*N* 異性体は知られていない．

チオシアン酸イオン（SCN$^-$）を配位した $[Co(NH_3)_5(SCN)]Cl_2$ ではチオシアナト-κ*S* 異性体とチオシアナト-κ*N* 異性体というつながり異性体のどちらも知られている．

> 配位原子の表示：配位子名称に "-κ 配位原子名" を加える

[例題 3.8] 酸性溶液中で $[Cr(NC)(H_2O)_5]^{2+}$（A 錯体と名づける．CN$^-$ は N 原子で Cr^{3+} に配位している）は水溶液内でゆっくりとつながり異性化を起こして，$[Cr(CN)(H_2O)_5]^{2+}$（B 錯体と名づける．CN$^-$ は C 原子で Cr^{3+} に配位している）に変化する．

A　　　　　　　　　　B

A 錯体および B 錯体をカッパ（κ）方式を使ってそれぞれ英語および日本語で命名せよ.

[解答]

　A 錯体：pentaaqua(cyanido-κ*N*)chromium(III) ion

　　　　　ペンタアクア(シアニド-κ*N*)クロム(III)イオン

　B 錯体：pentaaqua(cyanido-κ*C*)chromium(III) ion

　　　　　ペンタアクア(シアニド-κ*C*)クロム(III)イオン

[例題 3.9]　次の構造をもつイオンの化学式，英語名および日本語名を記せ.

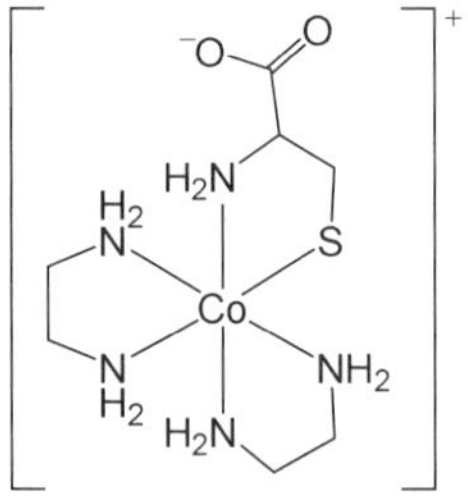

[解答・解説]

　コバルト(III)に二つの en 配位子と cys 配位子が結合した(1+)の錯イオンである.
cys 配位子は S 原子と N 原子で配位しているため，化学式は $[Co(cys\text{-}\kappa N, \kappa S)(en)_2]^+$
となる.　配位している官能基を明示することも可能であり，その場合，英語名は
(2-amino-κ*N*-3-sulfanyl-κ*S*-propanoato)bis(ethane-1,2-diamine)cobalt(1+)，日本語
名は (2-アミノ-κ*N*-3-スルファニル-κ*S*-プロパノアト)ビス(エタン-1,2-ジアミン)
コバルト(1+) となる.

c. 架橋配位子をもつ二核および多核錯体：架橋配位子の存在を示すミュー（μ）
　　方式

　　二つ以上の金属間に橋架けしている配位子を架橋配位子という.　**配位子が架橋
構造をとっていることを示す記号として μ-が用いられる**.　実例を使って説明す
る.

> 架橋配位子の表示：配位子名称の前に μ-を加える

例 1：[(NH₃)₅Cr(μ–OH)Cr(NH₃)₅]Cl₅

$$例1：[(NH_3)_5Cr(\mu\text{--}OH)Cr(NH_3)_5]Cl_5$$

μ-hydroxido-bis［pentaamminechromium（III）］
chloride
μ-ヒドロキシド-ビス［ペンタアンミンクロム
（III）］塩化物

ヒドロキシド配位子（OH⁻）が架橋した二核錯体である．この化合物の化学式は［|Cr(NH₃)₅|₂-(μ-OH)]Cl₅ と表されることもある．多核錯体の化学式，名称の詳細については，文献[1]を参照されたい．

例 2：[AlBr₂(μ-Br)₂AlBr₂]

di-μ-bromido-bis（dibromidoaluminium）
ジ-μ-ブロミド-ビス（ジブロミドアルミニウム）または
di-μ-bromido-tetrabromidodialuminium
ジ-μ-ブロミドテトラブロミド二アルミニウム

元素名の前の倍数接頭語は漢数字をつけることになっているので（2.1.7 項参照），ジアルミニウムではなくて二アルミニウムになる．

AlBr₄ の四面体が稜を共有した二核構造をとっている．

例 3：Cu(CH₃COO)₂·H₂O

ありふれた銅（II）の化合物であり，名称は copper（II）acetate monohydrate（酢酸銅（II）一水和物）である．しかし，その実体は図 3.7 に示す二核構造をとっている．したがって，この構造に基づけば［Cu₂(CH₃COO)₄(H₂O)₂］と書き表すべきである．しかも，H₂O は水和物ではなく，アクア配位子と呼ばなければならない．少し複雑になるが，この錯体を命名してみよう．

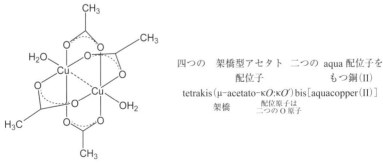

四つの　　架橋型アセタト　二つの aqua 配位子を
配位子　　　　　　　　　　もつ銅（II）
tetrakis（μ-acetato-κO:κO′）bis［aquacopper（II）］
架橋　　　　配位原子は
　　　　　二つの O 原子

図 3.7　Cu(CH₃COO)₂·H₂O の構造と名称

tetrakis(μ-acetato-κO:κO')bis[aquacopper(II)]，テトラキス（μ-アセタト-κO:κO'）ビス［アクア銅(II)］ となる．アセタト配位子の二つの酸素原子が別々の銅イオンに配位していることを示すため，μ-アセタト-κO:κO'という表現が使われている．二つの銅原子間には弱い相互作用がはたらいていると考えられているので，ここには点線が描いてある．

演習問題

問題 1　次の構造をもつ錯体・錯イオンを配位子の略号を使って化学式で示せ．

(a)　(b)　(c)

問題 2　次の化学式で表される化合物の構造をかけ．

(a) *trans*-[Cu(gly)$_2$]　(b) *mer*-[CrCl$_3$(dien)]　(c) *cis*-[RuCl$_2$(en)$_2$]

問題 3

(a) 二クロム酸カリウム K$_2$Cr$_2$O$_7$ には架橋オキシド配位子が 1 個含まれている．この化合物を英語と日本語で命名せよ．

(b) 次の化合物を英語と日本語で命名せよ．

$$\left[\text{Cl}_2\text{Al} \underset{\text{Cl}}{\overset{\text{Cl}}{<>}} \text{AlCl}_2 \right]$$

3.6　有機金属化合物

有機金属化合物は少なくとも一つの金属-炭素結合をもつ化合物のことである．本書では，有機金属化合物に含まれる金属が主要族金属元素の場合は（狭義の）有機金属化合物，遷移金属元素の場合は有機金属錯体と呼んで区別する．

3.5 節でとりあげた K$_3$[Fe(CN)$_6$]のようなシアニド錯体などは以前から知られていた金属錯体に属するものとして，有機金属化合物には含めない．しかし，一酸化炭素 CO を配位した[Mn$_2$(CO)$_{10}$]や[Ni(CO)$_4$]などのカルボニル錯体は有機金属錯体としてとり扱われることが多い．これはカルボニル錯体が 3.5 節で述べた錯体とは異なり，一般的な有機金属錯体と共通する性質や反応性を示すからである．例えば，カルボニル錯体をハロゲン化アルキルなどの共存下，光照射（通

常，*hv* で表す）したり加熱したりすると，金属-CO 結合が切断され，酸化的付加反応と呼ばれる有機金属錯体特有の反応が起こることが少なくない．

$$[M(CO)_n] \xrightarrow[-CO]{\text{熱または }hv} [M(CO)_{n-1}] \xrightarrow[\text{酸化的付加}]{+RX} \left[(CO)_{n-1}M{\overset{R}{\underset{X}{<}}} \right]$$

また，複核以上のカルボニル錯体には金属-金属結合を含む例がいくつもある．これも有機金属錯体と共通する特徴である．このため，カルボニル錯体は有機金属に含めておくのが合理的である．なお，ヒドリド配位子を含む配位化合物も有機金属化合物に含めることが多く，本書でも有機金属化合物に含める．

3.6.1　アルカリ金属およびアルカリ土類金属の有機金属化合物

アルカリ金属（1 族）およびアルカリ土類金属（2 族）の有機金属化合物は，次の例題のように付加命名法で命名する．

[例題 3.10]　次の化合物の名称を英語および日本語で示せ．

(a)［LiMe］　(b)［BeEtH］　(c)［LiBu］　(d)［MgBrEt］

[解答・解説]

(a) methanidolithium (= methanido | lithium)　メタニドリチウム または methyllithium メチルリチウム．Li^+ に CH_3^-（methanide）が配位しているので，配位子名はメタニドになる．ただし，$LiCH_3$ 中の CH_3 を中性配位子とみなして methyl（メチル）のままで使うことも許されているので，上に示したメチルリチウムもメタニドリチウムと同等に使うことができる．

(b) ethylhydridoberyllium　エチルヒドリドベリリウム．炭化水素基は ethanido と ethyl などのように語尾が ido でも yl でもよいことになる．メタニドとメチルなど 2 通りの名称を今後併記し続けるのは煩わしいことと，多くの成書では yl のほうが優勢といったことを考慮して，本書では以後炭化水素基を語尾 yl に統一して示す．なお，炭化水素基の語尾が ido と yl のどちらの名称を選択しても，M と結合している水素原子は必ず hydrido（ヒドリド）にする．

(c) butyllithium　ブチルリチウム．リチオ化（有機化合物の C−H 部分を C−Li に変換する反応）試薬などによく使われる．

(d) bromidoethylmagnesium　ブロミドエチルマグネシウム．グリニャール試薬（Grignard reagent）の一例である．

3.6.2　有機金属錯体とイータ（η）方式

　すでに述べたように，3.5 節で取り上げた配位化学は 19 世紀末に A. Werner が創始したということができ，そこで取り扱われた錯体はしばしば Werner 錯体と呼ばれる．一般に Werner 錯体は中心に金属陽イオン（電子対のアクセプター）が存在し，これに陰イオンやアンモニアなどの電子対供与体（電子対のドナー）が結合して形成される．

　有機金属錯体はその実例が 19 世紀からぽつりぽつりと報告されてきた．なかでも有名なのはエテンを配位した Zeise 塩（ツァイゼ塩）の発見（1827 年）で，白金イオンとエテンの結合が理解できず，長い間化学者を困らせた（図 3.8）．金属とエテンの結合に理論的な説明を与えたのは M. J. S. Dewer（1951）と J. Chatt および L. A. Duncanson（1953）であった（図 3.9）．

　Zeise 塩のようなエテン錯体では，エテンは π 電子対を金属の空の d_σ 軌道に供与する．一方で，電子密度の上昇した中心金属は，エテンの空の π^* 軌道に d_π 軌道から電子供与を行う．これが**π 逆供与**であり，エテンから金属への π 電子対の供与が強いほど π 逆供与も強くなる．Werner 錯体における静電相互作用を主とした金属陽イオンと配位子の結合とは異なり，エテン錯体の場合には金属・配位子の軌道の対称性と軌道の重なりによる相互作用に基づく共有結合的な金属・配位子間結合が形成されている．

　1890 年に L. Mond は金属と一酸化炭素のみからなる最初のカルボニル錯体

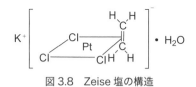

図 3.8　Zeise 塩の構造

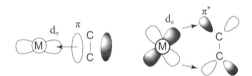

図 3.9　エテン錯体の σ 供与結合(左)および π 逆供与結合(右)における軌道相互作用（簡略にするため，水素原子を省略している）

tetracarbonylnickel（テトラカルボニルニッケル）$[Ni(CO)_4]$の合成を報告した．このようなカルボニル錯体も当時理解しがたい錯体であった．金属錯体は金属–配位子間の静電相互作用によって形成するはずなのに，中心金属も配位子も電荷をもっていなかったからである．後になると，$Na[Co(CO)_4]$や$Na_2[Fe(CO)_4]$のような中心原子が負電荷をもつ例さえ発見された．

　これらのカルボニル錯体の結合も，CO から金属への供与結合と金属から CO の空軌道への逆供与結合により形成される．図 3.9 に示すように金属の d_σ 軌道への CO の非共有電子対の供与と金属の d_π 軌道から CO の π^* 軌道への π 逆供与により結合が形成される．

図 3.10　カルボニル錯体の σ 供与結合（左）および π 逆供与
　　　　結合（右）における軌道相互作用

　20 世紀半ばには**サンドイッチ化合物**と呼ばれる ferrocene（**フェロセン**）**4** が合成された．

4

この錯体では 2 枚のパンに見立てた η^5-cyclopentadienyl（η^5-シクロペンタジエニル）配位子（以下 Cp 配位子という）が鉄原子に上下から配位している．この化合物の名称は bis-(η^5-cyclopentadienyl)iron(II)（ビス(η^5-シクロペンタジエニル)鉄(II)）となる．ここで，Cp 配位子は非局在化した π 電子を鉄原子に供与している．したがって，一つの Cp 配位子あたり 5 個の炭素原子が中心原子と結合しており，このことを示すために η^5 という記号を配位子の前につけている．上で述べた Zeise 塩に η 記号をつけて表せば，$[PtCl_3(\eta^2\text{-}C_2H_4)]^-$ となり，化合物名は trichlorido(η^2-ethene)platinate(1−)（トリクロリド(η^2-エテン)白金酸(1−)イオン）である．

　配位様式を表す記号 "η" の読み方は，イータまたはハプトであり，例えば η^3 は "イータ 3" または "トリハプト" と読む．3.5 節で配位原子を表示するのに κ 方式を用いたが，**η 方式は互いに結合した配位子内の隣接原子による配位を示**

すのに使われる．ηの上つきの数字 n は金属に配位した配位子内隣接原子数を示すので，必ず $n \geq 2$ であり，η^1 という表記は使えない．η方式はπ共役系での配位を表すのに適した方法であり，有機金属錯体で広く用いられる．

$$\eta\,方式 \begin{cases} \cdot\,隣接した原子による配位様式 \\ \cdot\,おもに\pi共役系での配位を表せる^{*10} \end{cases}$$

　Cp 配位子中の 1 個の炭素原子と金属（M）が結合した錯体 **5** では Cp 配位子が単座で配位している．この単座配位子は cyclopenta-2,4-dien-1-yl（シクロペンタ-2,4-ジエン-1-イル）と命名される．1-yl の 1 は M と結合している炭素原子の位置番号である．

5

　有機金属錯体の出現は Werner 錯体で使われてきた配位数という概念をわかりにくいものにしてしまった．例えば，Werner 型の鉄(II)錯体は 4 配位（$[FeCl_4]^{2-}$ など）から 6 配位までの錯体が多い．しかし，フェロセン中の鉄(II)イオンは 10 配位という非常に大きな配位数をとっている．

　通常，Werner 錯体では中心金属イオンの酸化数を明示する．しかし，有機金属錯体では酸化数をそれほど重視しない．あるいは酸化数がよくわからない場合もあり，前出のトリクロリド(η^2-エテン)白金酸(1−)イオンの例のように酸化数を使わずに，錯体の総電荷数で表すことも多い．とはいえ，有機金属錯体も付加命名法で命名するので，命名の仕方は Werner 錯体とほぼ同じである．

演習問題

問題 1　次の化合物を化学式で示せ．
　(a) ethenyl sodium（現在市販の多くの化学書では vinyl sodium と表現しているが，vinyl は GIN である）　(b) lithium tetrahydridoaluminate　(c) dihydridoberyllium

問題 2　次の化合物の名称を英語および日本語で示せ．
　(a)〔MgClMe〕　(b)〔GaClMe$_2$〕（置換命名法で）　(c)〔InHMe$_2$〕（置換命名法で）

---

*10　後述する H_2 分子の配位では H_2 の σ 電子供与と金属からの π 逆供与による結合形成でも η が使える．

3.6.3　18 電子則

a.　18 電子則とオクテット則

有機金属錯体について考えるとき，18 電子則の理解は欠かせない．これを以下に簡単に説明しておきたい．表 3.16 はカルボニル配位子のみをもつ第一遷移金属錯体の例である．

表 3.16　第一遷移金属カルボニル錯体

	5 族	6 族	7 族	8 族	9 族	10 族
単核錯体 （構造）	$[V(CO)_6]$ （正八面体型）	$[Cr(CO)_6]$ （正八面体型）	−	$[Fe(CO)_5]$ （三方両錐型）	−	$[Ni(CO)_4]$ （正四面体型）
二核錯体	−	−	$[Mn_2(CO)_{10}]$	$[Fe_2(CO)_9]$	$[Co_2(CO)_8]$	−

単核錯体について眺めると，周期表を左から右に進むにつれて族番号が 6，8，10 のところに錯体が存在し，CO 配位子の数が 6，5，4 と一つずつ減っている．この傾向は，中心金属原子がもつ原子価電子数（族番号と一致する）とこの原子のまわりの配位子から供与される電子数の和が 18 になる錯体が安定となる，と考えると説明できる．これは**オクテット則**を拡張した電子則であり，18 電子則と呼ばれる．なお，奇数番号である 5 族の $[V(CO)_6]$ は以上の説明と一致しない例外である（後述）．

オクテット則とは中心原子がもっている原子価電子数とその原子に結合している原子から供与される電子数の和が 8（これは中心原子が属している周期の右端にある貴ガスの外核電子と同数）になると安定な分子が形成されるというものである．下に酸素原子から水分子が形成される際の原子価電子数の変化を示す．

第 4 周期の元素になると，3d 軌道に電子が充填される遷移金属元素群が登場する．18 電子則とは遷移金属がもっている原子価電子数と配位子から供与される電子数の和が 18 になると貴ガスの電子配置と同じになり，安定な有機金属錯体が形成されるというものである．$[Fe(CO)_5]$ についてそれを示したのが次の図である．

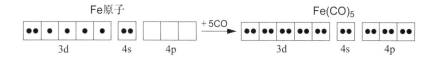

同じことは第 5 周期あるいは第 6 周期の遷移金属群についてもあてはまり，これらの遷移金属錯体も原子価電子数が 18 になるように配位子が配位すると，貴ガスの電子配置と同じになり，安定な有機金属錯体が形成される．

　上述したように，$[V(CO)_6]$ は 18 電子則に合致しない．バナジウム原子がもつ原子価電子は 5s 電子が 2 個と，4d 電子が 3 個である．これに 6 個のカルボニル配位子から 2 電子ずつバナジウム原子に供与されるので，17 電子錯体（$5+2×6 = 17$）ということになる．18 電子則を満足させる方法の一つはもう 1 個の 1 電子供与配位子を配位させることであるが，これは 7 配位錯体の生成を意味し，立体的な反発のためにこの錯体は 18 電子則に従わないまま存在しているものと思われる．周期表を左に進むほど遷移金属がもつ d 電子数が減るため，配位数を大きくしない限り 18 電子則を成立させることは困難になる．ただし，$[V(CO)_6]$ は金属ナトリウムとの反応により $Na[V(CO)_6]$ を与える．この錯体は 18 電子則に従う錯体である．このように中心原子の原子価電子数と配位子の供与電子数の和がどのような値になるか計算することを**電子計数**（electron count）という．最初に示した H_2O がオクテット則を満足するかどうかを検討したのももちろん電子計数である．

　有機金属錯体は 18 電子則を満たすものが多いが，上に示したように例外もある．周期表を右に進むと $Co(I)$，$Rh(I)$，$Ir(I)$，$Ni(II)$，$Pd(II)$，$Pt(II)$，$Au(III)$ など d^8 電子配置をとるイオンは平面四角形型錯体を形成し，16 電子錯体を与えることが多い．

b．カルボニル錯体における 18 電子則

　表 3.16 には二核カルボニル錯体の例が示してあるが，ここでは 7，8，9 族のところに錯体が存在し，CO 配位子の数は 10，9，8 個へと減っている．これらの事実は 18 電子則で上手く説明することができる．図 3.11 に 7～9 族二核カルボニル錯体の構造を示した．

　図 3.11 を見るとすべての二核錯体に**金属–金属結合**があることがわかる．またカルボニル配位子は一つの金属原子にのみ結合しているもの（**末端カルボニル配位子**）と二つの金属原子に配位しているもの（**架橋カルボニル配位子**）のあるこ

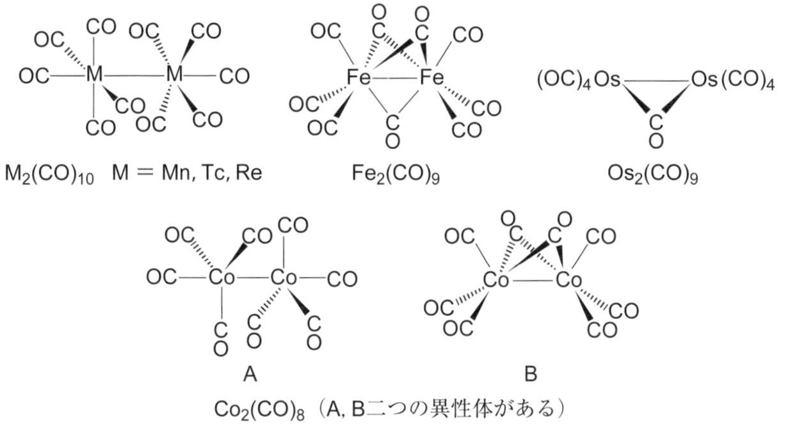

M₂(CO)₁₀　M = Mn, Tc, Re　　　Fe₂(CO)₉　　　　Os₂(CO)₉

A　　　　　　　　　B

Co₂(CO)₈（A, B二つの異性体がある）

図 3.11　二核金属カルボニル錯体の構造

表 3.17　二核カルボニル錯体の電子計数

錯　体	[M₂(CO)₁₀] M = Mn, Tc, Re	[Fe₂(CO)₉]	[Os₂(CO)₉]	[Co₂(CO)₈]	
				異性体 A	異性体 B
M から	7	8	8	9	9
末端 CO から	2×5 = 10	2×3 = 6	2×4 = 8	2×4 = 8	2×3 = 6
架橋 CO から	0	1×3 = 3	1	0	2
M−M 結合から	1	1	1	1	1
合計電子数	18	18	18	18	18

二核錯体中のどちらか一方の M に着目して電子計数を行っている.

とがわかる. Mn, Tc, Re の二核カルボニル錯体を見ると, 二つの M(CO)₅ が金属-金属結合だけでつながっている. 左右対称な二核錯体なので, 一方の M に着目して電子計数をしてみよう. Mn, Tc, Re は 7 族元素であるため, M の原子価電子は 7, 末端カルボニル配位子から 2×5 = 10, 金属-金属結合から 1, 合わせて 18 となる. 図 3.11 に示したすべてのカルボニル錯体について電子計数をした結果を表 3.17 に示す. これらの二核錯体が 18 電子則を満足していることがわかる.

　ここで表 3.16 および表 3.17 に与えたカルボニル錯体のいくつかを選んで名称を与えてみよう.

単核錯体：

  [V(CO)$_6$]　hexacarbonylvanadium　ヘキサカルボニルバナジウム

  [Cr(CO)$_6$]　hexacarbonylchromium　ヘキサカルボニルクロム

  [Fe(CO)$_5$]　pentacarbonyliron　ペンタカルボニル鉄

  [Ni(CO)$_4$]　tetracarbonylnickel　テトラカルボニルニッケル

二核錯体：金属-金属結合がある場合には名称の最後に（*M—M*）をつける．M はイタリック体にする．

  [Mn$_2$(CO)$_{10}$]　bis(pentacarbonylmanganese)(*Mn—Mn*)

  　　　　　　　ビス（ペンタカルボニルマンガン）(*Mn—Mn*)

  [Fe$_2$(CO)$_9$]　tri-μ-carbonyl-bis(tricarbonyliron)(*Fe—Fe*)

  　　　　　　　(= tri|-μ-carbonyl|-bis|(tri|carbonyl|iron)|(*Fe—Fe*))

  　　　　　　　トリ-μ-カルボニル-ビス（トリカルボニル鉄）

  　　　　　　　二つの |Fe(CO)$_3$|（bis(tri|carbonyl|iron)）が三つのカルボニ ル配位子で架橋されて（tri-μ-carbony），Fe-Fe 間に金属結合 がある（*Fe—Fe*）ことが示されている．

  [Co$_2$(CO)$_8$]　図3.11に示した異性体B.

  　　　　　　　di-μ-carbonyl-bis(tricarbonylcobalt)(*Co—Co*)

  　　　　　　　ジ-μ-カルボニル-ビス（トリカルボニルコバルト）(*Co—Co*)

c. 有機金属錯体における電子計数

　カルボニル錯体は配位子も中心金属も電荷をもたなかったので，電子計数 は簡単であった．さらに配位子の種類を増やして電子計数を検討してみよう． まず，pentacarbonylhydridomanganese（ペンタカルボニルヒドリドマンガン） [Mn(CO)$_5$H] を取り上げる．この錯体の電子計数を行う際，二つの計算法が ある．一つは電荷をもたない Mn と水素原子・H とが共有結合をしていると考え る**共有結合モデル**，もう一つは Werner 錯体と同じ扱い，すなわち，Mn(I)と :H$^-$ とがイオン結合をしていると考える**イオン結合モデル**である．それぞれのモデル に基づいて計数を行うと次のようになる．

〈共有結合モデル〉		〈イオン結合モデル〉	
Mn(0)	7電子	Mn(I)	6電子
·H	1電子	:H$^-$	2電子
5 CO	10電子	5 CO	10電子
計	18電子	計	18電子

いずれのモデルを用いても結果は同じになるが，共有結合モデルのほうが計数はいくぶん簡単である．しかし，中心金属の酸化数を求めたいときは，イオン結合モデルを使わなければならない．

電子計数を行う際に必要ないろいろな配位子が供与する電子数を表 3.18 に示す．

表 3.18 に示した配位子の供与電子数について補足説明をしておきたい．単座配位 C_3H_5 はアリル配位子が金属 M と次ページの(a)のように σ 結合を形成していることを意味する．しかし，この配位子には二重結合が存在するので，この二重結合も M と π 結合をすることができる．この π 電子も M に供与されて結合を形成すると，電子は三つの炭素原子間で完全に非局在化され，配位子と M の間には（b）のような結合が形成される．これが表 3.18 の η^3-C_3H_5（η^3-アリル）配位子である．

表 3.18　配位子の供与電子数

配位子	共有結合モデルによる供与電子数	イオン結合モデルによる供与電子数
H，F などのハロゲン，CH_3，C_6H_5，$CH_2=CH$（ethenyl（エテニル））[*1]，単座配位 Cp，単座配位 C_3H_5（prop-2-en-1-yl（プロパ-2-エン-1-イル））[*2]，acyl（アシル）（-C(=O)R）	1	2[*3]
CO，$P(C_6H_5)_3$，$CH_2=CH_2$，CS，N_2，η^2-H_2，alkylidene（アルキリデン）（$=CR_2$）	2	2
η^3-C_3H_5（η^3-prop-2-en-1-yl（η^3-プロパ-2-エン-1-イル））[*2]，alkylidyne（アルキリジン）（$\equiv CR$）	3	4[*3]
η^4-butadiene（η^4-ブタジエン）	4	4
η^5-Cp（η^5-cyclopentadienyl（η^5-シクロペンタジエニル））	5	6[*3]
η^6-C_6H_6（η^6-benzene（η^6-ベンゼン））	6	6
η^8-cyclooctatetraene（η^8-シクロオクタテトラエン）	8	8

[*1]　現在市販の多くの化学書では，vinyl（ビニル）（GIN）が使われている．
[*2]　現在市販の多くの化学書では，allyl（アリル）（GIN）が使われている．今後，この配位子が何回も現れるので，以下では名称が短い allyl（アリル）を使うこととする．
[*3]　配位子は -1 価と考える．

$$
\begin{array}{cc}
\text{(a)} & \text{(b)}
\end{array}
$$

共有結合モデルで電子計数を行う際は，η^3-アリル配位子は3電子供与体として計数を行う.

　η^n表示はπ電子を含む配位子に限られたものではない．表3.18にはη^2-H_2配位子があるが，これはH_2分子のσ結合電子がMに供与された配位結合で，1984年にはじめて確認された（**6**）．ここでは，金属へのH–Hのσ電子供与と同時に，Mの満たされたd_π軌道からH_2分子のσ^*軌道への逆供与が起こっている．π逆供与がさらに強まると，H–H結合は切れてジヒドリド錯体を生成することになるが，**6**はH_2分子そのものが配位している錯体である.

$$
\left[
\begin{array}{c}
\text{P}^i\text{Pr}_3 \\
\text{OC} \quad \text{CO} \\
\text{W} \\
\text{H} \quad \text{CO} \\
\text{H} \quad \text{P}^i\text{Pr}_3
\end{array}
\right] \quad {}^i\text{Pr} = \text{isopropyl}
$$

6

3.6.4　サンドイッチ化合物

　最後に，フェロセンと類似の各種遷移金属サンドイッチ化合物 metallocene（メタロセン）**7** の名称を示しておきたい.

7

1. $[\text{V}(\eta^5\text{-C}_5\text{H}_5)_2]$　vanadocene　バナドセン
   もちろん，bis(η^5-cyclopentadienyl)vanadium　ビス(η^5-シクロペンタジエニル)バナジウムでもよい．以下の化合物についても同様である.
2. $[\text{Cr}(\eta^5\text{-C}_5\text{H}_5)_2]$　chromocene　クロモセン
3. $[\text{Fe}(\eta^5\text{-C}_5\text{H}_5)_2]$　ferrocene　フェロセン
4. $[\text{Ru}(\eta^5\text{-C}_5\text{H}_5)_2]$　ruthenocene　ルテノセン

5. $[Os(\eta^5\text{-}C_5H_5)_2]$　osmocene　オスモセン

6. $[Co(\eta^5\text{-}C_5H_5)_2]$　cobaltocene　コバルトセン

7. $[Ni(\eta^5\text{-}C_5H_5)_2]$　nickelocene　ニッケロセン

　フェロセンの 1 電子酸化体 $[Fe(\eta^5\text{-}C_5H_5)_2]^+$ に対して ferrocenium$(1+)$（フェロセニウム$(1+)$）という名称を使っている例が見られるが，IUPAC はこのような ium の使い方を推奨していない．なぜなら，NH_3，PH_3 など中性の母体水素化物に水素イオン（ヒドロン）が付加した際に語尾に ium をつけて ammonium（アンモニウム），phosphanium（ホスファニウム）などとしており（このようなイオンを総称してオニウムイオンという），フェロセニウムではフェロセンへの水素イオン付加体と紛らわしいからである．IUPAC は $[Fe(\eta^5\text{-}C_5H_5)_2]^+$ に対して bis$(\eta^5\text{-}cyclopentadienyl)$iron$(1+)$（ビス$(\eta^5\text{-}シクロペンタジエニル)$鉄$(1+)$）という名称を推奨している．

演習問題

問題1　次の化合物を英語および日本語で命名せよ．

(a) $[ZnMe_2]$

(b) $[(OC)_4Co\text{-}Co(CO)_4]$

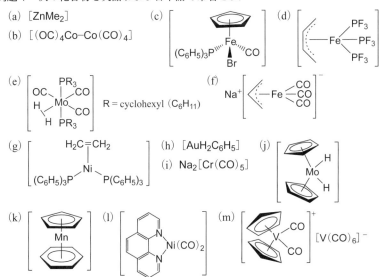

問題2　次の化合物の化学式（可能ならば構造式）を示せ．立体異性体の区別は必要ない．

(a) di-μ-carbonyl-bis(tricarbonylcobalt)$(Co\text{-}Co)$

　ジ-μ-カルボニル-ビス（トリカルボニルコバルト）$(Co\text{-}Co)$

(b) nonahydridorhenium$(2-)$　ノナヒドリドレニウム$(2-)$

(c) bis(diethylphenylphosphane)triphenylrhenium

ビス(ジエチルフェニルホスファン)トリフェニルレニウム

(d) hexamethyltungsten　ヘキサメチルタングステン

電子不足な12電子錯体である．かさ高いメチル基が6個もタングステン原子に配位しているため，電子不足であるにもかかわらずこれ以上配位子が配位できないままになっているものと思われる．

(e) bis(η^6-benzene)chromium　ビス(η^6-ベンゼン)クロム

(f) di-μ-carbonyl-dicarbonylbis(η^5-cyclopentadienyliron)(*Fe—Fe*)

ジ-μ-カルボニル-ジカルボニルビス(η^5-シクロペンタジエニル鉄)(*Fe—Fe*)

(g) (η^5-cyclopentadienyl)triethylphosphanecopper

(η^5-シクロペンタジエニル)トリエチルホスファン銅

(h) cobaltocene　コバルトセン または

bis(η^5-cyclopentadienyl)cobalt　ビス(η^5-シクロペンタジエニル)コバルト

(i) μ-carbonyl-bis(tetracarbonylosmium)(*Os—Os*)

μ-カルボニル-ビス(テトラカルボニルオスミウム)(*Os—Os*)

(j) dichloridobis(η^5-cyclopentadienyl)titanium

ジクロリド(η^5-シクロペンタジエニル)チタン

(k) bis(η^5-cyclopentadienyl)trihydridoniobium

ビス(η^5-シクロペンタジエニル)トリヒドリドニオブ

(l) dicarbonyl(η^5-cyclopentadienyl)cyclopenta-2,4-dien-1-yliron

ジカルボニル(η^5-シクロペンタジエニル)シクロペンタ-2,4-ジエン-1-イル鉄

(m) tricarobonyl(ethene)bis(trimethylphosphane)tungsten

トリカルボニル(エテン)ビス(トリメチルホスファン)タングステン

3.7　オキソ酸の体系名

3.4節でオキソ酸の名称を扱ったが，それらのすべてが慣用名である．硫酸，硝酸など，元素の概念が確立する以前から知られた化合物があり，それらについては各時代の知識に沿うよう名称がつけられ，広く定着しているものも多い．一方であとに見つかった化合物はその体系に収まらず，いわば継ぎはぎ的な命名がなされ，新しい知識との整合性の悪い名称になってしまう場合もある．例えば，元来，同じ元素のオキソ酸を酸素数の違いによって，多いほうを***ic acid，少ないほうを***ous acidと命名し整理していたが，ハロゲン元素のオキソ酸で見

られるように，さらに酸化数の高いもの，低いものがある際には，per，hypo などの接頭語を導入して整理することになった．この結果，ある族の酸では最高酸化数の酸に per がつくなど，統一的でない名称が現れ，それが現在の慣用名となっている．

しかし，オキソ酸の慣用名はそれぞれのオキソ酸固有の名称として一つ一つ覚えなければならない．しかもこれらの名称は各オキソ酸の化学式（あるいは構造式）をどう表現するかについて何も教えてくれない．そこで本書では，普及しているとはいいがたいが，オキソ酸の体系名をあえて紹介することとした．

リン酸(**8**)，ホスホン酸(**9**)および **9** の異性体である亜リン酸(**10**)について考えてみよう．

8　　　　　**9**　　　　　**10**

体系名では新たに覚えなければならない術語はほとんどない．オキソ酸を中心イオン（ここではリンの陽イオン）に H^-（ヒドリド配位子），OH^-（ヒドロキシド配位子）および O^{2-}（オキシド配位子）が配位した配位化合物とみなして命名すればよい．すなわち，付加命名法を使う．これらのオキソ酸の表示を次のように配位化合物の表現に書き換えて，命名すればよい．

$$\textbf{8}：[PO(OH)_3] \quad \textbf{9}：[PHO(OH)_2] \quad \textbf{10}：[P(OH)_3]$$

8 の体系名：trihydroxidooxidophosphorus（= tri｜hydroxido｜oxido｜phosphorus）
　　　　　　　トリヒドロキシドオキシドリン

9 の体系名：hydridodihydroxidooxidophosphorus（= hydrido｜di｜hydroxido｜
　　　　　　　oxido｜phosphorus）　ヒドリドジヒドロキシドオキシドリン

10の体系名：trihydroxidophosphorus（= tri｜hydroxido｜phosphorus）
　　　　　　　トリヒドロキシドリン

この体系名を見れば，これらのオキソ酸の化学式あるいは構造式を直ちに書くことができる．例えばリン酸が塩基で中和された化学種，$K[PO_2(OH)_2]$ の慣用名は potassium dihydrogenphosphate（リン酸二水素カリウム）である．一方で体系名は potassium dihydroxidodioxidophophate(1−)（ジヒドロキシドジオキシドリン酸(1−)カリウム）となる．同様に，$Na_2[PO_3(OH)]$ の慣用名は disodium hydrogenphosphate（リン酸水素二ナトリウム），体系名は disodium hydroxidotrioxidophosphate

(2−)（ヒドロキシドトリオキシドリン酸(2−)二ナトリウム）となる.

　付加命名法は，架橋型の多核錯体など複雑な構造をもつ金属錯体の命名にも使えるように考えられているため，多核酸の命名にも有効である.

　以上述べたようにオキソ酸に対する IUPAC 体系名は便利であり，もっと使われてよい命名法であると考え，推奨したい.ただ，強いて欠点をあげれば，どうしても名称が長くなることであろう.

　なお，オキソ酸の体系名として母体水素化物から誘導される置換命名法も使うことができるが，この命名法は上に示した付加命名法に比べてさらに一般的ではないので，説明は省略する.

演習問題

問題1　次のオキソ酸の構造を示せ.

　(a) ヒドロキシドトリオキシド塩素　(b)（ジオキシダニド）ジオキシド窒素

　(c) μ-オキシド-ビス（ジヒドロキシドオキシドリン）

問題2　次のオキソ酸の付加命名法による名称を英語および日本語で示せ.

　(a) HO−N=O　(b)
$$HO-\overset{\displaystyle O}{\underset{\displaystyle O}{\overset{\|}{\underset{\|}{S}}}}-O-\overset{\displaystyle O}{\underset{\displaystyle O}{\overset{\|}{\underset{\|}{S}}}}-OH$$
(c)
$$HO-\overset{\displaystyle O}{\underset{\displaystyle O}{\overset{\|}{\underset{\|}{S}}}}-SH$$

参 考 文 献

1) IUPAC, "Nomenclature of Inorganic Chemistry: IUPAC Recommendations 2005", The Royal Society of Chemistry（2005）; 日本化学会 化合物命名法委員会 訳著, "無機化学命名法―IUPAC 2005 年勧告―", 東京化学同人（2010）.
2) IUPAC, "Nomenclature of Organic Chemistry: IUPAC Recommendations and Preferred Names 2013", The Royal Society of Chemistry（2013）; 日本化学会 化合物命名法専門委員会 訳著, "有機化学命名法―IUPAC 2013 勧告および優先 IUPAC 名―", 東京化学同人（2017）.
3) 日本化学会 命名法専門委員会 編, "化合物命名法―IUPAC 勧告に準拠― 第 2 版", 東京化学同人（2016）.
4) 荻野 博, "典型元素の化合物", 岩波書店（2004）.

索 引

著者略歴

荻野　博（おぎの・ひろし）
東北大学名誉教授，放送大学名誉教授．日本化学会　命名法専門委員会　委員長．1962 年　東北大学大学院理学研究科修了，理学博士．専門は無機化学．

笠井香代子（かさい・かよこ）
宮城教育大学教育学部　教授．1996 年　総合研究大学院大学数物科学研究科博士後期課程修了，博士（理学）．専門は有機化学・錯体化学・化学教育．

柘植清志（つげ・きよし）
富山大学学術研究部理学系　教授．1995 年　東京大学大学院理学系研究科博士課程修了，博士（理学）．専門は錯体化学．

よくわかる化合物命名法
IUPAC 勧告（無機 2005，有機 2013）準拠

令和 6 年 1 月 30 日　発　行

編 著 者　　荻　野　　　博

発 行 者　　池　田　和　博

発 行 所　　**丸善出版株式会社**

〒 101-0051　東京都千代田区神田神保町二丁目17番
編集：電話(03)3512-3263／FAX(03)3512-3272
営業：電話(03)3512-3256／FAX(03)3512-3270
https://www.maruzen-publishing.co.jp

© Hiroshi Ogino, 2024

組版印刷・製本／藤原印刷株式会社

ISBN 978-4-621-30906-3　C 3043　　　　Printed in Japan